化工基础实验

沈王庆　　李国琴　　黄文恒　　主　编

西南交通大学出版社

·成　都·

图书在版编目（ＣＩＰ）数据

化工基础实验 / 沈王庆，李国琴，黄文恒主编. —
成都：西南交通大学出版社，2019.8
ISBN 978-7-5643-7118-0

Ⅰ. ①化… Ⅱ. ①沈… ②李… ③黄… Ⅲ. ①化学工
程 – 化学实验 – 高等学校 – 教材 Ⅳ. ①TQ016

中国版本图书馆 CIP 数据核字（2019）第 194875 号

Huagong Jichu Shiyan

化工基础实验

沈王庆　李国琴　黄文恒 / 主　编

责任编辑 / 牛　君
封面设计 / 何东琳设计工作室

西南交通大学出版社出版发行

（四川省成都市金牛区二环路北一段 111 号西南交通大学创新大厦 21 楼　610031）
发行部电话：028-87600564　　028-87600533
网址：http://www.xnjdcbs.com
印刷：四川森林印务有限责任公司

成品尺寸　185 mm × 260 mm
印张　8　　字数　197 千
版次　2019 年 8 月第 1 版　　印次　2019 年 8 月第 1 次

书号　ISBN 978-7-5643-7118-0
定价　26.00 元

课件咨询电话：028-81435775
图书如有印装质量问题　本社负责退换
版权所有　盗版必究　举报电话：028-87600562

前　言

"化工基础实验"是在学习"化工原理""化学工程基础"等相关理论知识后，进行实践应用操作的实验课程，是化学、应用化学和资源循环科学与工程等专业的一门重要的技术基础课程，对培养学生的动手能力和今后的工作能力至关重要，在相关专业的教学计划中占有重要地位，发挥着重要作用。

本书共精选了 20 个实验，内容涵盖流体流动、流体输送机械、沉降与过滤、传热、吸收、蒸馏和干燥等。每个实验的内容包括实验目的、实验原理、实验装置及流程、操作步骤、注意事项、数据记录及计算、问题与思考。本书编写简单、易懂，与实践操作结合紧密，具有较强的适用性。

编者经过近三年的努力完成本书的编写工作。感谢教材编订过程中北京东方仿真有限公司、莱帕克（北京）科技有限公司等企业提供的相关技术支持。教材建设属于内江师范学院 2016 "本科教学工程"项目（jc16003），感谢内江师范学院提供的资金支持。最后感谢西南交通大学出版社对本教材的修订及出版。

由于编者水平有限，书中还有诸多不足之处，敬请各位读者批评、指正。

编　者
2019 年 5 月

目　录

实验 1 雷诺实验

一、实验目的

（1）了解流体在圆管内的流动形态与雷诺数 Re 的关系。

（2）观察流体在圆管内做稳定层流及湍流的流动形态，掌握圆管流态判别准则。

（3）学习应用无量纲参数进行实验研究的方法，并了解其实用意义。

二、实验原理

雷诺数 $Re = \dfrac{du\rho}{\mu} = \dfrac{4q_v\rho}{\pi d\mu}$

三、实验装置及流程（图 1-1）

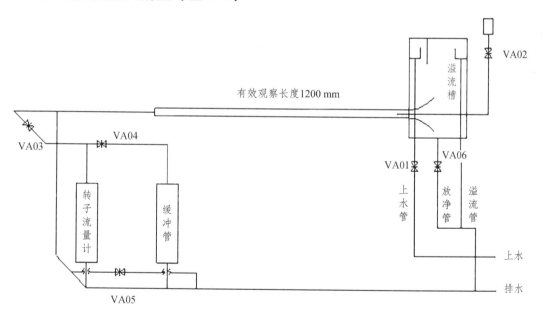

图 1-1 实验装置流程图

在 400 mm×500 mm×600 mm 的有机玻璃溢流水箱内安装一根内径为 25 mm、长为 1 200 mm 的有机玻璃管，玻璃管进口做成喇叭状，以保证水能平稳地流入管内。在进口端中心处插入注射针头，通过小橡皮管注入显色剂——红墨水。自来水源源不断地流入水箱，超出溢流堰部分从溢流口排出，管内水的流速可由管路下游的阀门 VA04 控制。

实验自备消耗品：水和红墨水。

四、操作步骤

（1）检查阀门状态，确保所有阀门均处于关闭状态。

（2）开启进水阀（阀门 VA01）上水，待水淹没过喇叭进口时，观察有机玻璃管两端及水箱两侧是否漏水。

（3）继续加水，至溢流槽出现溢流，为保证水面稳定，关小阀门维持少量溢流即可（溢流越小越好）。

（4）打开排气阀（VA03）和全开流量调节阀（VA04），将管路内气泡排出。

（5）关闭排气阀 VA03，将已配制好的 1：1 的红墨水注入墨水储槽，调节阀门（VA02）控制红墨水的流量。

（6）关闭阀门 VA03，缓慢调节阀门 VA04，观察记录红墨水随水流的不同流动状态及相应的流体流量大小，计算不同流动状态下的 Re（雷诺数）。

（7）调节阀门（VA04）至流体流动状态为层流，用手堵住出口，在喇叭口内注入大量红墨水，放开水流动，通过观察红墨水的流动形状分析流体层流时的速度分布；将转子流量计流量调节到最大，方法同上，观测湍流时的速度分布。

（8）实验结束，打开阀门 VA03、VA04、VA05、VA06，将装置内部水排空。

（9）操作补充：

① 由于红墨水的密度大于水的密度，因此为使从针头出来的红墨水线不发生沉降，将红墨水按 1：1 的比例稀释（具体稀释比例视红墨水的性质而定，以实验现象最佳为准）。

② 在观察层流流动时，当把水量调到足够小的情况下（在层流范围），禁止碰撞设备，减小周围环境的振动对线形造成的影响。

③ 为防止上水时造成的液面波动，上水量不能太大，维持少量溢流即可。

④ 红墨水的流量要根据实际水流速度调节，流量太大，超过管内实际水流速度，容易造成红墨水的波动；流量太小，红墨水线不明显，不易观测。

⑤ 将水箱注满水，关闭上水阀，使用静止状态的水观察红墨水的流动状态，临界雷诺数可达 2 000 左右。

五、注意事项

（1）在移动该装置时，请保持平稳，严禁磕碰。

（2）长期不用该装置时，将水放净。玻璃水箱打扫干净后，将水箱口盖上，以免灰尘落入。

（3）冬季室内温度达到冰点时，水箱内严禁存水。

六、数据记录及计算

1. 数据记录

水的温度：_____℃。

水的流速：记入表 1-1 中。

2．结果计算

根据水的流速及其他数据计算对应的雷诺数，填入表 1-1 中。

表 1-1　雷诺实验数据记录

实验号	1	2	3	4	5
u					
Re					

七、问题与思考

（1）常见的流速测量装置有哪几种？分析各自的优缺点。

（2）本实验的流速测量装置是什么？分析它的测量原理。

（3）本实验对工业应用有何价值？

实验 2　离心泵性能曲线测定及孔板流量计标定实验

一、实验目的

（1）了解离心泵的操作及有关仪表的使用方法。

（2）测定离心泵在固定转速下的操作特性，绘制特性曲线。

（3）测定孔板流量计的孔流系数 C_0，了解孔板流量计的操作原理和特性。

二、实验原理

1. 离心泵性能曲线测定

离心泵的特性曲线取决于泵的结构、尺寸和转速。对于一定的离心泵，在一定的转速下，泵的扬程 H 与流量 q 之间存在一定的关系。此外，离心泵的轴功率 P 和效率 η 亦随泵的流量 q 而改变。因此 H-q、P-q 和 η-q 三条关系曲线反映了离心泵的特性，称为离心泵的特性曲线。

（1）流量 q 的测定：本实验装置采用涡轮流量计直接测量泵流量 q。

（2）扬程的计算：根据伯努利方程

$$H = \frac{\Delta p}{\rho \cdot g}$$

式中　　H——扬程；

　　　　Δp——压差；

　　　　ρ——水在操作温度下的密度；

　　　　g——重力加速度。

本实验装置采用差压计直接测量 Δp。

（3）泵的总效率：

$$\eta = \frac{\text{泵的有效功率（泵输出的净功率）}}{\text{电机功率}} = \frac{q \cdot H \cdot \rho \cdot g}{P_\text{电}}$$

（4）电机功率 $P_\text{电}$：本实验装置采用可编程逻辑控制器（PLC）直接测量电机功率 $P_\text{电}$。

（5）转速校核：应将以上所测参数校正为额定转速下的数据来绘制特性曲线。

$$\frac{q'}{q} = \frac{n'}{n}$$

$$\frac{H'}{H} = \left(\frac{n'}{n}\right)^2$$

$$\frac{P'}{P} = \left(\frac{n'}{n}\right)^3$$

式中　n'——额定转速；

　　　　n——实际转速，r/min。

2. 孔板流量计标定

孔板流量计是根据动能和静压能相互转换的原理设计的。孔板的开孔越小，通过孔口的平均流速 u_0 越大，孔板前后的压差 Δp 越大，阻力损失也随之增大。其具体工作原理如图 2-1 所示。

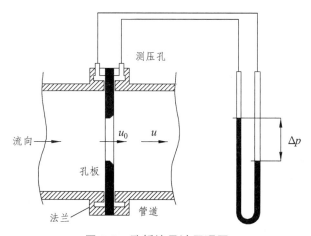

图 2-1　孔板流量计原理图

为了减小流体通过孔口后由于突然扩大而引起的大量旋涡能耗，在孔板后安装渐扩圆角。因此孔板流量计的安装具有方向性。若是反向安装，能耗增大，同时流量系数也将改变。

计算式如下（具体推导过程见教材）：

$$q = C_0 \cdot A_0 \cdot \sqrt{\frac{2 \cdot \Delta p}{\rho}}$$

式中　q——流量，m^3/s（为实际流量）；

　　　　C_0——孔流系数（无因次，本实验需要标定）；

　　　　A_0——孔截面面积，m^2（孔内径 20.3 mm）；

　　　　Δp——实际压差，Pa，Δp = 表显值–仪表零点；

　　　　ρ——管内流体密度，kg/m^3。

（1）在实验中，只要测出对应的流量 q 和压差 Δp，即可计算出其对应的孔流系数 C_0。

（2）管内 Re 的计算：

$$Re = \frac{4q\rho}{\pi d \mu}$$

以上计算过程中 q 均应为实际流量。

三、实验装置及流程

本实验装置在满足工艺要求、质量要求的前提下，主体采用透明材质加工，使实验流程更直观化，装置更具亲和力，外观更精致、美观；附件经过严格筛选，严格的工艺要求和检测手段，保证了装置的准确性、稳定性；装置与控制柜采用一体式安装方式，便于使用者同时观察装置及控制柜的实时状态；移动终端、无线通信技术的应用更加提高了装置的灵活性，实现了单人操作，即操作装置的同时也可实时观察数据变化，更好地体现了人文关怀。

1. 流程图（图 2-2）

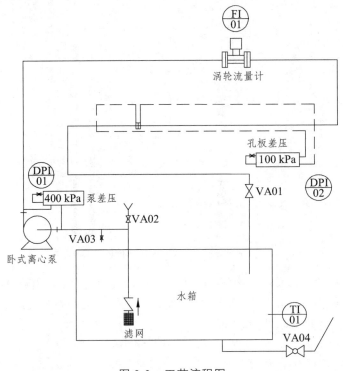

图 2-2　工艺流程图

2. 仪表参数

离心泵：型号 MS100/0.55，550 W，$H = 14$ m；

循环水槽：有机玻璃，700 mm×420 mm×380 mm；

涡轮流量计：0.5~8 m³/h；

孔板流量计：标准环隙取压，工作管路内径 = 26 mm，孔径 = 20.3 mm，面积比 $m = 0.6$；

差压传感器：离心泵差压测量范围 0 ~ 400 kPa，孔板差压测量范围 0 ~ 100 kPa；

温度传感器：Pt100 航空接头。

四、操作步骤

1. 熟　悉

按照分工（实验预习时）熟悉流程，清楚各仪表、阀门的作用。

2. 检 查

检查两个差压传感器及平衡阀是否处于开启状态。

3. 灌 泵

泵的位置高于水面，为防止泵启动发生气缚，应先把泵灌满水。关闭泵进口阀，打开泵出口阀，打开灌泵阀，灌泵，当水不流入时，关闭灌泵阀，关闭泵出口阀，等待启动离心泵。

4. 开 车

启动离心泵。

5. 排 气

打开泵出口阀，调节流量到最大，对主管路及差压连接管路进行排气，约 20 s 即可。

6. 测 量

为了取得满意的实验结果，必须考虑实验点的分布和测量次数。

（1）在每定常流量下，应尽量同步地读取各测量值。

（2）每次改变流量，应以流量仪表显示读数来调节。建议按流量计读数调节流量，按以下流量进行：$q = 1, 1.5, 2, 2.5, 3, 3.5, 4, 4.5, \cdots$ 直至最大。

7. 停 车

实验完毕后，关闭出口阀，开启平衡阀，然后再停泵。

五、注意事项

（1）启动泵前检查相线和正倒转，是指长时间停用后，在启动前需检查；另在长时间不用时，开启泵时注意观察泵启动声音，是否正常转动，以防止泵内异物卡住而烧坏电机。若连续使用，可省去此步骤。

（2）因为泵是机械密封，必须在泵有水时使用，若泵内无水空转，易造成机械密封件升温损坏而导致密封不严，此时需专业厂家更换机械密封。因此，严禁泵内无水空转！

（3）在调节流量时，泵出口调节阀应徐徐开启，严禁快开快关。

（4）长期不用时，应将槽内水放净，并用湿软布擦拭水箱，防止水垢等杂物粘在上面。

（5）在实验过程中，严禁异物掉入循环水槽内，以免被泵吸入泵内损坏泵、堵塞管路和损坏涡轮流量计。

六、数据记录及计算

调试数据计算示例见表 2-1、表 2-2、表 2-3。

表 2-1　实验设计相关参数

管内径 d_1/mm	孔内径 d_0/mm	水温 t/℃	密度 ρ/(kg/m^3)	流速 u/CP
26	20.3			

表 2-2　离心泵性能调试数据示例

试验号	流量 q/(m^3/h)	泵压差/Pa	转速 n/(r/min)	功率 P/W	扬程 H/m	效率 η
1						
2						
3						
4						
5						
6						
7						
8						
9						
10						

表 2-3　孔板标定计算示例

试验号	流量 q/(m^3/h)	孔板压差/Pa	$Re/\times 10^{-4}$	C_0
1				
2				
3				
4				
5				
6				
7				
8				
9				
10				

七、问题与思考

（1）在什么情况下 $H = \dfrac{\Delta P}{\rho \cdot g}$ ？

（2）实验过程中为什么要用额定转速下的数据来绘制特性曲线图？

（3）离心泵启动时为何要关闭灌泵阀和出口阀？

（4）在合成氨工艺中哪些地方用到离心泵？

实验 3　流体阻力测定实验

一、实验目的

（1）了解实验所用到的实验设备、流程、仪器仪表。

（2）了解并掌握流体流经直管和阀门引起的阻力损失及阻力系数（直管摩擦系数 λ 与局部阻力系数 ξ）的测定方法及变化规律，并将 $\lambda(\xi)$ 与 Re 的关系标绘在双对数坐标上。

（3）了解不同管径（相同材质，即相同绝对粗糙度）的直管摩擦系数 λ 与 Re 的关系；

（4）掌握差压传感器的正确应用方法。

二、实验原理

1. 流体在管内流量及 Re 的测定

本实验采用涡轮流量计直接测出流量 $q(\text{m}^3/\text{h})$：

$$u(\text{m/s}) = 4q / (3600\pi \cdot d^2)$$

$$Re = \frac{d \cdot u \cdot \rho}{\mu}$$

式中　d——管内径，m；

　　　　ρ——流体在测量温度下的密度，kg/m^3；

　　　　μ——流体在测量温度下的黏度，$\text{Pa} \cdot \text{s}$。

2. 直管摩擦阻力损失 Δp_{0f} 及摩擦阻力系数 λ 的测定

流体在管路中流动，由于黏性剪应力的存在，不可避免地会产生机械能损耗。根据范宁（Fanning）公式，流体在圆形直管内做定常稳定流动时的摩擦阻力损失为

$$\Delta p_{0f}\ (\text{Pa}) = \lambda \frac{l}{d} \frac{\rho \cdot u^2}{2}$$

式中　l——沿直管两测压点间距离，m；

　　　　λ——直管摩擦系数，无因次。

由上可知，只要测得 Δp_{0f} 即可求出直管摩擦系数 λ。根据伯努利方程和压差计对等径管读数的特性知：当两测压点处管径一样，且保证两测压点处速度分布正常时，压差读数 Δp 即为流体流经两测压点处的直管阻力损失 Δp_{0f}。

$$\lambda = \frac{2 \cdot \Delta p \cdot d}{\rho \cdot u^2 \cdot l}$$

式中 Δp——压差计读数，Pa。

以上即无论测定粗糙管、近似光滑管或不同相对粗糙度的直管的阻力损失 Δp、阻力系数 λ，以及随 Re 的变化规律的方法。

3. 阀门局部阻力损失 $\Delta p_f'$ 及其阻力系数 ζ 的测定

流体流经阀门时，由于速度的大小和方向发生变化，流动受到阻碍和干扰，出现涡流而引起的局部阻力损失为

$$\Delta p_f' \text{(Pa)} = \zeta \frac{\rho u^2}{2}$$

式中 ζ——局部阻力系数，无因次。

对于测定局部管件的阻力如阀门，其方法是在管件前后的稳定段内分别设置两个测压点。按流向顺序分别为 1、2、3、4 点，在 1~4 点和 2~3 点分别连接两个压差计，分别测出压差为 Δp_{14}、Δp_{23}。

在 2~3 列伯努利方程（2~3 间直管长为 L）：

$$p_2 - p_3 = \left(\rho g Z_2 + \frac{\rho u_2^2}{2}\right) - \left(\rho g Z_3 + \frac{\rho u_3^2}{2}\right) + \sum \Delta p_{f23}$$

上式中，由于 2、3 点管径相同，管子水平放置，位能与动能项可消除；而总能耗可分为直管段阻力损失 ΔP_{f23} 和阀门局部阻力损失 $\Delta p_f'$，因此上式可简化为

$$\Delta p_{23} = \Delta p_{f23} + \Delta p_f' \qquad\qquad （3\text{-}1）$$

同理在 1~4 列伯努利方程（1~4 间直管长为 $2L$）：

$$\Delta p_{14} = \Delta p_{f14} + \Delta p_f' = 2\Delta p_{f23} + \Delta p_f' \qquad\qquad （3\text{-}2）$$

联立式（3-1）和（3-2），解得

$$\Delta p_f' = 2\Delta p_{23} - \Delta p_{14}$$

则局部阻力系数为 $\zeta = \dfrac{2 \cdot (2\Delta p_{23} - \Delta p_{14})}{\rho \cdot u^2}$

三、实验装置及流程

1. 装置流程图（图 3-1）

2. 流程说明

循环水由水箱进入离心泵入口，泵出至流量调节阀 V1，经涡轮流量计计量，通过各支路阀 V2、V3、V4 流回水箱。

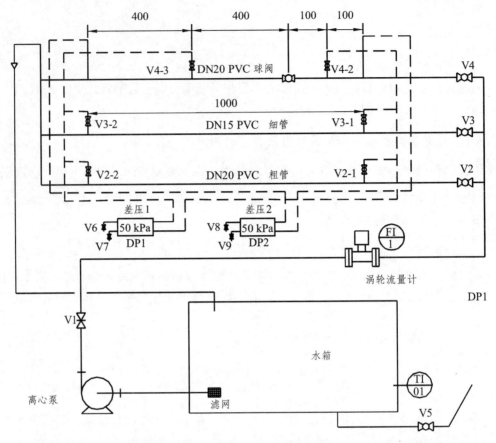

图 3-1　流体阻力实验流程图

　　阀门：V1—流量调节阀，V2—粗管支路阀，V3—细管支路阀，V4—阀门阻力支路阀，V2-1—粗管上游取压阀（H），V2-2 粗管下游取压阀（L），V3-1—细管上游取压阀（H），V2-2 细管下游取压阀（L），V4-1—阀门上游点 2 取压阀，V4-3 阀门下游点 3 取压阀（L），V5—放净阀；

　　温度：TI1—循环水温度；

　　差压：DP1—差压 1，DP2—差压 2；

　　流量：FI1—循环水流量。

3. 设备仪表参数

离心泵：型号 MS100/0.55，550 W，$H = 14$ m；

水箱：700 mm×420 mm×380 mm（长×宽×高）；

涡轮流量计：0.5~8 m³/h；

差压传感器：测量范围 0~50 kPa；

温度传感器：Pt100 航空接头；

细管测量段尺寸：DN15，内径 ϕ 16，透明 PVC，测点长 1 000 mm；

粗管测量段尺寸：DN20，内径 ϕ 20，透明 PVC，测点长 1 000 mm；

阀门测量段尺寸：DN20，内径 ϕ 20，PVC 球阀。

四、操作步骤

1. 熟　悉

按事先（实验预习时）分工，熟悉流程，清楚各压差传感器的作用。

2. 检　查

检查各阀是否关闭。

3. 开　车

开启电源，启动离心泵（检查泵是否正转动）。

4. 排　气

打开调节阀 F1 到最大。分别打开支路阀 F2、F3、F4，打开各管路上的测压点阀，打开 2 个差压传感器上的排气阀，约 2 min，观察引压管内无气泡，关闭差压传感器上的排气阀，分别关闭各测压点阀、调节阀 F4，支路阀 F2、F3、F4。

5. 测　量

（1）粗管测量：① 开启 F2，逐渐开启调节阀 F1。根据以下差压 1 上的读数进行调节：每次大约控制在 0.2、0.4、0.8、1.6、3.2、最大。

② 记录数据，然后再调节 F1，直到最大。

③ 此管做完后，关闭 F1，关闭 F2。

（2）细管测量：① 开启 F3，逐渐开启调节阀 F1。根据以下差压 1 上的读数进行调节：每次大约控制在 0.4、0.8、1.6、3.2、6.4、12、最大。

② 记录数据，然后再调节 F1，直到最大。

③ 此管做完后，关闭 F1，关闭 F3。

（3）局部测量：① 开启 F4，逐渐开启调节阀 F1。根据以下差压 1 上的读数进行调节：每次大约控制在 0.4、0.8、1.6、3.2、6.4、最大。

② 记录数据，然后再调节 F1，直到最大。

③ 此管做完后，关闭 F1，关闭 F4。

测量说明：（1）为了取得满意的实验点的分布，每次改变流量，应以压差计读数 Δp (kPa) 变化一倍左右为宜。

（2）由于传感器精度高，显示读数会随机波动。

（3）在调节流量时，应缓慢开启调节阀 F1，以压差计读数为调节依据。

（4）无论先测定哪根管路均可。

6. 停　车

实验完毕，关闭阀门，停泵即可。

五、注意事项

（1）因为泵是机械密封，必须在泵有水时使用，若泵内无水空转，易造成机械密封件升温损坏而导致密封不严，否则需专业厂家更换机械密封。因此，严禁泵内无水空转！

（2）在启动泵前，应检查三相动力电是否正常，若缺相，极易烧坏电机；为保证安全，检查接地是否正常；准备好以上工作后，在泵内有水情况下检查泵的转动方向，若反转流量达不到要求，对泵不利。

（3）操作前，必须将水箱内异物清理干净，需先用抹布擦干净，再往循环水槽内放水，启动泵让水循环流动冲刷管道一段时间，再将循环水槽内水放净，再注入水以准备实验。

（4）在实验过程中，严禁异物掉入循环水槽内，以免被泵吸入泵内损坏泵、堵塞管路和损坏涡轮流量计。

（5）严禁打开控制柜，以免发生触电。

（6）长期不用水箱时，应将槽内水放净，并用湿软布擦拭水箱，防止水垢等杂物粘在上面。

六、实验数据记录及计算

1. 实验数据记录（表 3-1）

表 3-1　流体阻力测定实验数据记录

序号	流速 $u/(m/s)$	粗糙管 $\Delta p/Pa$	光滑管 $\Delta p/Pa$	$\Delta p_{14}/Pa$	$\Delta p_{23}/Pa$
1					
3					
4					
5					
6					
7					
8					

七、问题与思考

（1）怎样正确应用差压传感器？

（2）涡轮流量计的测量原理是什么？

（3）在工业上输送流体对管道材质有没有要求？

实验4　伯努利方程实验

一、实验目的

（1）了解在稳定流动过程中，各种形式的机械能（动能、位能、静压能）之间相互转化的关系和机械能的外部表现，并运用伯努利方程分析观察到的各种现象。

（2）了解测压点的布置方案及其几何结构对压力示值的影响。

二、实验原理

当不可压缩流体在管内做稳定流动（同一种连续流体，定常流动，截面速度分布正常）时，两个截面 1-1 和 2-2 的伯努利方程式为

$$gZ_1 + \frac{p_1}{\rho} + \frac{u_1^2}{2} = gZ_2 + \frac{p_2}{\rho} + \frac{u_2^2}{2} + \sum h_{\text{f1-2}} \quad （\text{J/kg}） \tag{4-1}$$

各点的静压强可直接由实验装置中测压管内的水柱高度测得，即可分析管路中任意两截面由于位置、速度变化以及两截面之间的阻力所引起的静压强变化。

$$\frac{p_1}{\rho} - \frac{p_2}{\rho} = \Delta Zg + \frac{u_2^2 - u_1^2}{2} + \sum h_{\text{f1-2}} \quad （\text{m 液柱}） \tag{4-2}$$

根据伯努利方程分析任意两测点的压力变化情况，再对比实际情况，进行分析。在分析过程中区别压差与玻璃测压管中的液面差。

三、实验装置及流程

实验装置由循环泵、转子流量计、有机玻璃管路、循环水池和实验面板组成（图 4-1）。管路上装有进出口阀门和测压玻璃管。管路中安装了 23 个测压点。在 $\phi40$ 管的突扩和突缩处设置有两个排气点，在 $\phi40$ 管下设置有放净口（图 4-2）。

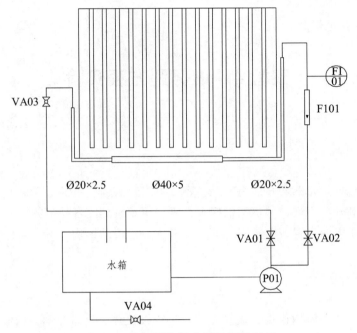

图 4-1　伯努利方程实验装置流程图

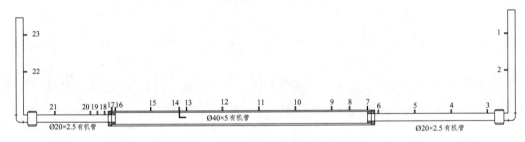

图 4-2　伯努利管路测压点分布图

四、操作步骤

（1）检查循环水箱，保证水箱内无杂物。

（2）启动泵，全开回路阀 VA01，全关进口阀 VA02 和出口阀 VA03。

（3）排气：关出口阀 VA03，完全开大进口阀 VA02（让水从各测压点流出）；然后开出口阀 VA03 排主管气（可以关小、开大，反复进行，直到排完为止）。

（4）逐渐调节回路阀 VA01，调节水流量。当调到合适水流量时，可进行现象观察。

建议：本实验可进行大流量和小流量两种情况演示。大流量以第 1 个测压管内液面接近最大，小流量则以最后 1 个测压管内液面接近最低。

五、观察实验现象

1. 同一流速下现象观察分析

（1）由上向下流动现象（1—2 点）；

（2）水平流动现象（3—4—5—6，10—11—12—13—15 点）；

（3）突然扩大旋涡区压力分布情况（6—7—8—9—10 点）；

（4）毕托管工作原理（13—14 点）；

（5）突然缩小的缩脉流区压力分布情况（16—17—18—19—20 点）；

（6）由下向上流动情况（21—22—23 点）；

（7）直管阻力测定原理（1—2 点，4—5—6 点，20—21 点，22—23 点等）；

（8）局部阻力测定原理（2—3 点和 21—22 点的弯头测定原理，6—12 点突扩和 16—19 点的突缩测定原理）。

2. 阀门调节现象观察

（1）分别关小进口、出口、回路阀，观察各点静压强的变化情况；

（2）关小进口阀并开大出口阀（或关小出口阀并开大进口阀）维持流量与阀门改变前后相同，观察各点静压强的变化情况；

（3）转子流量计现象观察：结构、原理、安装。

除注意由于位能、动能（扩大或缩小）、动能转化为静压能、摩擦损失引起的静压示值变化外，还应注意由于引射、局部速度分布异常而引起的示值异常，了解测压点的布置，以及相对压力示值的可能影响。

六、注意事项

（1）使用时勿碰撞设备，以免玻璃损坏。

（2）在冬季造成室内温度达到冰点时，应从放水口将玻璃管内水放尽。水箱内严禁存水。

七、数据记录及计算

填入表 4-1 至表 4-4 中。

表 4-1　同一流速下现象观察

1 点					
2 点					
3 点					
4 点					
5 点					
6 点					
7 点					
8 点					
9 点					
10 点					
11 点					

12 点					
13 点					
14 点					
15 点					
16 点					
17 点					
18 点					
19 点					
20 点					
21 点					
22 点					
23 点					

表 4-2　关小进口、出口、回路阀，各点静压强的变化情况

1 点					
2 点					
3 点					
4 点					
5 点					
6 点					
7 点					
8 点					
9 点					
10 点					
11 点					
12 点					
13 点					
14 点					
15 点					
16 点					
17 点					
18 点					
19 点					
20 点					
21 点					
22 点					
23 点					

表 4-3　关小进口阀并开大出口阀，各点静压强的变化情况

1 点				
2 点				
3 点				
4 点				
5 点				
6 点				
7 点				
8 点				
9 点				
10 点				
11 点				
12 点				
13 点				
14 点				
15 点				
16 点				
17 点				
18 点				
19 点				
20 点				
21 点				
22 点				
23 点				

表 4-4　关小出口阀并开大进口阀，各点静压强的变化情况

1 点				
2 点				
3 点				
4 点				
5 点				
6 点				
7 点				
8 点				
9 点				
10 点				
11 点				
12 点				

13 点					
14 点					
15 点					
16 点					
17 点					
18 点					
19 点					
20 点					
21 点					
22 点					
23 点					

八、问题与思考

（1）什么是理想流体？

（2）什么叫定常流动？

（3）在流体的流动中，压强跟流速是否有关？

（4）为何自来水厂和企业厂房用水的水塔都比较高？

实验 5 套管换热器液-液热交换系数及膜系数的测定

一、实验目的

（1）了解实验流程及各设备（风机、蒸汽发生器、套管换热器）结构。

（2）用实测法和理论计算法给出管内传热膜系数 $\alpha_{测}$、$\alpha_{计}$、$Nu_{测}$、$Nu_{计}$ 及总传热系数 K、$K_{计}$，分别比较不同的计算值与实测值，并对光滑管与螺纹管的结果进行比较。

（3）比较两个 K 值与 α_i、α_o 的关系。

二、实验原理

1. 管内 Nu、α 的测定计算

（1）管内空气质量流量的计算 q_m(kg/s)。

孔板流量计的标定条件：

$$p_0 = 101\ 325\ \text{Pa}$$

$$T_0 = 273 + 20\ \text{K}$$

$$\rho_0 = 1.205\ \text{kg/m}^3$$

孔板流量计的实际条件：

$$p_1 = p_0 + \Delta p$$

$$T_1 = 273 + t_1$$

$$\rho_1(\text{kg}/\text{m}^3) = \frac{p_1 \cdot T_0}{p_0 \cdot T_1} \rho_0$$

式中　Δp—进气压力表读数；

　　　t_1—进气温度。

则实际风量为

$$q_v(\text{m}^3/\text{h}) = C_0 \cdot A_0 \sqrt{\frac{2\Delta p_2}{\rho_1}} \times 3\ 600$$

式中　C_0——孔流系数，$C_0 = 0.9$；

　　　A_0——孔面积，$d_0 = 0.012\ 78$，$A_0 = 1.282 \times 10^{-4}$；

　　　Δp_2——孔板压差，Pa；

　　　ρ_1——空气实际密度。

管内空气的质量流量为

$$q_m(\text{kg}/\text{s}) = q_v \rho_1$$

（2）管内雷诺数 Re 的计算。

因为空气在管内流动时，其温度、密度、风速均发生变化，而质量流量却为定值，因此，其雷诺数的计算按下式进行：

$$Re = \frac{dup}{\mu} = \frac{4q_m}{\pi d \mu}$$

式中的物性数据 μ 可按管内定性温度 $t_{定} = (t_2 + t_4) / 2$ 求出。

（3）热负荷计算。

套管换热器在管外蒸汽和管内空气的换热过程中，管外蒸汽冷凝释放出潜热传递给管内空气，以空气为恒算物料进行换热器的热负荷计算：

根据热量衡算式：

$$\Phi = q_m C_p \Delta t$$

式中　　Δt——空气的温升，$\Delta t = t_4 - t_2$，℃；

　　　　C_p——定性温度下的空气恒压比热，kJ/(kg·K)；

　　　　q_m——空气的质量流量，kg/s。

管内定性温度 $t_{定} = (t_2 + t_4) / 2$

（4）α 测定值、努塞尔特准数 Nu 测定值。

由传热速度方程：$\Phi = \alpha A \Delta t_m$：

$$\alpha_{i测}[kW / (m^2 \cdot K)] = \frac{\Phi}{\Delta t_m \cdot A_i}$$

式中　　A——管内表面积，m^2，$A_i = d_i \pi L$，$d_i = 18$ mm，$L = 1\ 000$ mm；

　　　　Δt_m——管内平均温度差，

$$\Delta t_m = \frac{\Delta t_A - \Delta t_B}{\ln\left(\Delta t_A / \Delta t_B\right)}$$

式中　　　　　　$\Delta t_A = t_3 - t_2$，$\Delta t_B = t_5 - t_4$

$$Nu_{测} = \frac{\alpha_{测} \cdot d}{\lambda}$$

（5）α 经验计算值、努塞尔特准数 Nu 计算值。

$$\alpha_{i计} = 0.023 \frac{\lambda}{d} Re^{0.8} Pr^{0.4}$$

式中的物性数据 λ、Pr 均按管内定性温度求出。

$$Nu_{计} = 0.023 Re^{0.8} Pr^{0.4}$$

2. 管外 α 的测定计算

（1）管外 α 的测定值。

已知管内热负荷 Φ，管外蒸汽冷凝传热速率方程为

$$\Phi = \alpha_o A_o \Delta t_m$$

$$\alpha_{o测}[kW/(m^2 \cdot K)] = \frac{\varPhi}{\Delta t_m \cdot A_o}$$

式中　A_o——管外表面积，m^2，$A_o = d_o \pi L$，$d_o = 22\ mm$，$L = 1\ 000\ mm$；

Δt_m——管外平均温度差。

$$\Delta t_m = \frac{\Delta t_A - \Delta t_B}{\ln(\Delta t_A / \Delta t_B)} = \frac{\Delta t_A + \Delta t_B}{2}$$

式中　　　　$\Delta t_A = t_6 - t_3$，　$\Delta t_B = t_6 - t_5$

（2）管外 α 的计算值。

根据蒸汽在单根水平圆管外按膜状冷凝传热膜系数计算公式计算出：

$$\alpha_o = 0.725 \left(\frac{\rho^2 \cdot g \cdot \lambda^3 \cdot r}{d_o \cdot \Delta t \cdot \mu} \right)^{\frac{1}{4}}$$

上式中有关水的物性数据均按管外膜平均温度查取。

$$t_定 = \frac{t_6 + \overline{t_w}}{2}, \qquad \overline{t_w} = \frac{t_3 + t_5}{2}, \qquad \Delta t = t_6 - \overline{t_w}$$

3. 总传热系数 K 的测定

（1）K 实际值

已知管内热负荷 $\varPhi$，总传热方程：

$$\varPhi = K_0 A_o \Delta t_m \qquad K_0 = \frac{\varPhi}{A_o \cdot \Delta t_m}$$

式中　A_o——管外表面积，m^2，$A = d_o \pi L$；

Δt_m——管外平均温度差。

$$\Delta t_m = \frac{\Delta t_A - \Delta t_B}{\ln(\Delta t_A / \Delta t_B)}$$

式中　　　　$\Delta t_A = t_6 - t_3$，　$\Delta t_B = t_6 - t_5$

（2）K 计算值（以管外表面积为基准）。

$$\frac{1}{K_计} = \frac{d_o}{d_i} \cdot \frac{1}{\alpha_i} + \frac{d_o}{d_i} \cdot R_i + \frac{d_i}{d_m} \cdot \frac{b}{\lambda} + R_o + \frac{1}{\alpha_o}$$

式中　R_i，R_o——管内外污垢热阻，可忽略不计。

λ——铜的导热系数，$\lambda = 380\ W/(m^2 \cdot K)$。

由于污垢热阻可忽略，铜管管壁热阻也可忽略（铜导热系数很大且铜不厚，若同学有兴趣完全可以计算出来此项比较），上式可简化为

$$\frac{1}{K_计} = \frac{d_o}{d_i} \cdot \frac{1}{\alpha_i} + \frac{1}{\alpha_o}$$

三、实验装置及流程

1. 流程图（图5-1）

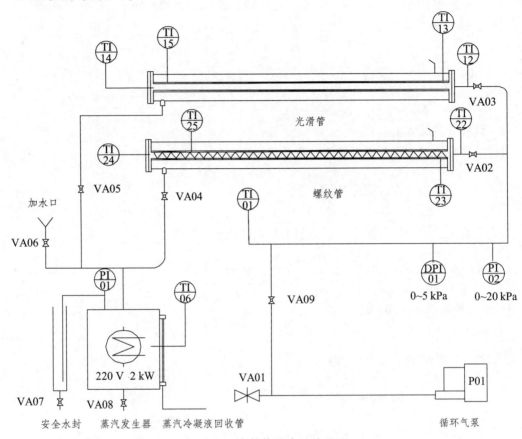

图 5-1　双套管传热实验流程图

TI01—风机出口气温（校正用）；TI12—光滑管进气温度；TI22—螺纹管进气温度；

TI13—光滑管进口截面壁温；TI23—螺纹管进口截面壁温；TI14—光滑管出气温度；

TI24—螺纹管出气温度；TI15—光滑管出口截面壁温；TI25—螺纹管出口截面壁温；

TI06—蒸汽发生器内水温=管外蒸汽温度；VA01—放空阀；VA02—螺纹管冷空气进口阀；

VA03—光滑管冷空气进口阀；VA04—螺纹管蒸汽进口阀；VA05—光滑管蒸汽进口阀；

VA06—加水口阀；VA07—液封排水口阀门；VA08—蒸汽发生器排水口阀门；

VA09—空气流量调节阀

压力：PI01蒸汽发生器压力（控制蒸气量用），PI02进气压力传感器（校正流量用）；

压差：DP1孔板流量计差压传感器；

说明：（1）因为蒸汽与大气相通，蒸汽发生器内接近常压，因此 t_6 也可看作管外饱和蒸汽温度。

（2）风机启动时，必须保证 VA01 是全开状态，VA02 或 VA03 全开。加热启动时，必须保证 VA04 或 VA05 全开。

2. 流程说明

本装置主体套管换热器内为一根紫铜管，外套管为不锈钢管。两端法兰连接，外套管设置有两对视镜，方便观察管内蒸汽冷凝情况。管内铜管测点间有效长度为 1 000 mm。下套管换热器内有弹簧螺纹，作为管内强化传热与上光滑管内无强化传热进行比较。

空气由风机送出，经孔板流量计后进入被加热铜管进行加热升温，自另一端排出放空。在进出口两个截面上铜管管壁内和管内空气中心分别装有 2 支热电阻，可分别测出两个截面上的壁温和管中心的温度；一个热电阻 TI01 可将孔板流量计前进口的气温测出，另一热电阻可将蒸汽发生器内温度 TI06 测出，其分别用 1、2、3、4、5、6 来表示，如图 5-1 所示。

蒸汽来自蒸汽发生器，发生器内装有两组 2 kW 加热源，由调压器控制加热电压以便控制加热蒸汽量。蒸汽进入套管换热器的铜管外套，冷凝释放潜热，为防止蒸汽内有不凝气体，本装置设置有放空口，不凝气体排空，而冷凝液则回流到蒸汽发生器内再利用。

3. 设备仪表参数

套管换热器：内加热紫铜管：$\phi 22 \times 2$，有效加热长 1 000 mm；

抛光不锈钢套管：$\phi 100 \times 2$。

旋涡气泵：风压 18 kPa，风量 140 m³/h，750 W；

蒸汽发生器：容积 20 L；

电加热：2×2 kW；

操作压力：常压（配 0~2500 Pa 压力传感器）；

孔板流量计：DN20 标准环隙取压，$m = (12.78/20)^2 = 0.4$，$C_0 = 0.7$；

热电阻传感器：Pt100；

差压传感器：0~5 kPa。

本实验消耗和自备设施：电负荷 4.75 kW。

四、操作步骤

1. 实验前准备工作

（1）检查水位：通过蒸汽发生器液位计观察蒸汽发生器内水位是否处于液位计的 70%~90%，少于 70%~90%需要补充蒸馏水，此时需开启 VA06，通过加水口补充蒸馏水。

（2）检查电源：检查装置外供电是否正常供电（空开是否闭合等情况）；检查装置控制柜内空开是否闭合（首次操作时需要检查，控制柜内多是电气原件，建议控制柜空开可以长期闭合，不要经常开启控制柜）。

（3）启动装置控制柜上面"总电源"和"控制电源"按钮，启动后，检查触摸屏上温度、压力等测点是否显示正常；是否有坏点或者显示不正常的点。

（4）检查阀门：风机放空阀 VA01 是否处于全开状态；若先作上边光滑管，则 VA03 全开、VA05 全开，其他阀门关闭。

2. 开始实验

启动触摸屏面板上蒸汽发生器的"固定加热"按钮和"调节加热"按钮，并点击蒸汽发生器"SV_%功率"数值，打开"压力控制设置面板"，如显示"功率模式"，直接点击"功率定值"数值，打开数值设定窗口，设定100，如打开"压力控制设置面板，当前显示"压力模式"，则点击"压力模式"，切换到"功率模式"，操作步骤同功率模式。

当 TI06≥98℃时，关闭"固定加热"，点击"泵启动"启动气泵开关，并点击蒸汽发生器"SV_%功率"数值，打开"压力控制设置面板"，设置为"压力模式"，点击"压力定值"数值，打开数值设定窗口，设定 1.0~1.5 kPa（建议 1.0 kPa），调节放空阀 VA01、流量调节阀 VA09 控制风量至预定值，当 TI06≥98℃时，稳定约 2 min，即可记录数据。

建议风量从最大值调节到最小值，记录孔板压差计 DP1（kPa）显示值，取 5 个点即可，同时记录不同压差下各温度显示值。

完成数据记录后可切换阀门进行螺纹管实验，数据记录方式同光滑管实验。

（1）阀门切换。

蒸汽转换：全开 VA04，关闭 VA05；

风量切换：全开 VA01、VA02，关闭 VA03。

（2）当 t_6≥98℃时，调节放空阀 VA01、流量调节阀 VA09 控制风量至预定值，当 TI06≥98℃时，稳定约 2 min，即可记录数据。

（3）实验结束时，点击"调节加热"按钮，使其关闭，最后点击"泵启动"关闭气泵电源，关闭装置外供电。

3. 实验结束

实验结束，装置如长期不使用，需放净蒸汽发生器和液封中的水，并用部分蒸馏水冲洗蒸汽发生器 2~3 次。

五、注意事项

（1）在启动风机前，应检查三相动力电是否正常，缺相容易烧坏电机；同时为保证安全，实验前检查接地是否正常。

（2）每组实验前应检查蒸汽发生器内的水位是否合适，水位过低或无水，电加热会烧坏。电加热是湿式电加热，严禁干烧。

（3）长期不用时，应将设备内水放净。

（4）严禁打开电柜，以免发生触电。

六、数据记录及计算

填入表 5-1 至表 5-3。

表 5-1 光滑管原始数据

管内径：18 mm　　　　　　　　管长：1 000 mm　　　　　　　　大气压：101 325 Pa

No	流量计前风压 p_2/kPa	流量计前风温 t_1/℃	孔板压差 Δp/kPa	进口风温 T_{12}/℃	出口壁温 T_{13}/℃	出口风温 T_{14}/℃	进口壁温 T_{15}/℃	蒸汽温度 t_6/℃
1								
2								
3								
4								
5								
6								

表 5-2 螺纹管原始数据

管外径：22 mm　　　　　　　　管长：1 000 mm　　　　　　　　大气压：101 325 Pa

No	流量计前风压 p_2/kPa	流量计前风温 t_1/℃	孔板压差 Δp/kPa	进口风温 T_{22}/℃	出口壁温 T_{23}/℃	出口风温 T_{24}/℃	进口壁温 T_{25}/℃	蒸汽温度 t_6/℃
1								
2								
3								
4								
5								
6								

表 5-3 计算结果

No	管内					管外		总	
	Re	$\alpha_{测}$ /[W/(m²·K)]	$Nu_{测}$	$\alpha_{计}$ /[W/(m²·K)]	$Nu_{计}$	$\alpha_{计}$ /[W/(m²·K)]	$\alpha_{测}$ /[W/(m²·K)]	$K_{测}$ /[W/(m²·K)]	$K_{计}$ /[W/(m²·K)]
1									
2									
3									
4									
5									
6									

七、问题与思考

（1）蒸汽发生器内水位为多少比较合适？

（2）为什么实验过程中风机放空阀始终要处于全开状态？

（3）套管换热器在尿酸生产流程中有没有用到？

实验 6 筛板精馏实验

一、实验目的

（1）熟悉板式精馏塔的结构、流程及各部件的结构和作用。

（2）了解精馏塔的正确操作，学会正确处理各种异常情况。

（3）用作图法和计算法确定精馏塔部分回流时的理论板数，并计算出全塔效率。

二、实验原理

蒸馏技术原理是利用液体混合物中各组分的挥发度不同而达到分离目的。此项技术现已广泛应用于石油、化工、食品加工及其他领域，其主要目的是将混合液进行分离。根据料液分离的难易、分离的纯度，此项技术又可分为一般蒸馏、普通精馏及特殊精馏等。本实验是属于针对酒精-水系统做普通精馏验证性实验。

根据纯验证性（非开发型）实验要求，本实验只做全回流和某一回流比下的部分回流两种情况下的实验。

1. 乙醇-水系统特征（表 6-1，图 6-1）

乙醇-水系统属于非理想溶液，具有较大正偏差，最低恒沸点为 78.15 ℃，恒沸组成为 0.894（mol/%）。

表 6-1 平衡数据

	t	x	y
1	100.0	0.00	0.00
2	95.50	1.90	17.00
3	89.00	7.21	38.91
4	86.70	9.66	43.75
5	85.30	12.38	47.04
6	84.10	16.61	50.89
7	82.70	23.37	54.45
8	82.30	26.08	55.80
9	81.50	32.73	58.26
10	80.70	39.65	61.22
11	79.80	50.79	65.64
12	79.70	51.98	65.99
13	79.30	57.32	68.41
14	78.74	67.63	73.85
15	78.41	74.72	78.15
16	78.15	89.43	89.43

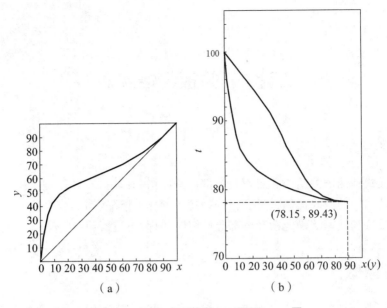

图 6-1　乙醇-水系统的 x-y 图及 t-x-y 图

结论：（1）普通精馏塔顶组成 $x_D < 0.894$，若要达到高纯度酒需采用其他特殊精馏方法；（2）为非理想体系，平衡曲线不能用 $y = f(\alpha, x)$ 来描述，只能用原平衡数据。

2. 全回流操作（图 6-2）

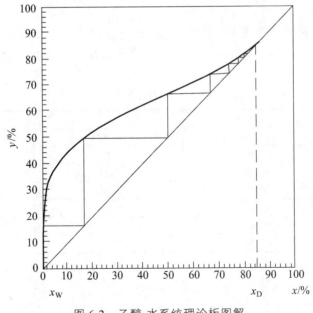

图 6-2　乙醇-水系统理论板图解

特征：

（1）塔与外界无物料流（不进料，无产品）；

（2）操作线 $y = x$（每板间上升的气相组成 = 下降的液相组成）；

（3）x_D-x_W 最大化（即理论板数最小化）。

在实际工业生产中应用于设备的开停车阶段，使系统运行尽快达到稳定。

3. 部分回流操作

可以测出以下数据：

温度/℃：t_D、t_F、t_W

组成/(mol/mol)：x_D、x_F、x_W

流量/(L/h)：F、D、L（塔顶回流量）

回流比 R：$R=L/D$

精馏段操作线：

$$y = \frac{R}{R+1}x + \frac{x_D}{R+1}$$

进料热状况 q：根据 x_F 在 $t-x(y)$ 相图中可分别查出露点温度 t_V 和泡点温度 t_L。

$$q = \frac{I_V - I_F}{I_V - I_L}$$

$$= \frac{1\ \text{kmol原料变成饱和蒸汽所需的热量}}{\text{原料的摩尔汽化热}}$$

I_V：在 x_F 组成、露点 t_V 下饱和蒸汽的焓：

$$\begin{aligned} I_V &= x_F \cdot I_A + (1-x_F) \cdot I_B \\ &= x_F \cdot [C_{PA}(t_V - 0) + r_A] + (1-x_F) \cdot [C_{PB}(t_V - 0) + r_B] \end{aligned}$$

式中　C_{PA}、C_{PB}——乙醇和水在定性温度 $t=(t_V+0)/2$ 下的比热，kJ/(kmol·K)；

r_A、r_B——乙醇和水在露点温度 t_V 下的汽化潜热，kJ/kmol；

I_L——在 x_F 组成、泡点 t_L 下，饱和液体的焓：

$$\begin{aligned} I_L &= x_F \cdot I_A + (1-x_F) \cdot I_B \\ &= x_F \cdot [C_{PA}(t_L - 0)] + (1-x_F) \cdot [C_{PB}(t_L - 0)] \end{aligned}$$

式中　C_{PA}、C_{PB}——乙醇和水在定性温度 $t=(t_L+t_0)/2$ 下的比热，kJ/(kmol·K)；

I_F——在 x_F 组成、实际进料温度 t_F 下，原料实际的焓。

根据实验的进料是常温下（冷液）进料，$t_F<t_L$，则

$$\begin{aligned} I_F &= x_F \cdot I_A + (1-x_F) \cdot I_B \\ &= x_F \cdot [C_{PA}(t_F - 0)] + (1-x_F) \cdot [C_{PB}(t_F - 0)] \end{aligned}$$

式中　C_{PA}、C_{PB}——乙醇和水在定性温度 $t=(t_F+0)/2$ 下的比热，kJ/(kmol·K)。

q 线方程：

$$y_q = \frac{q}{q-1}x_q - \frac{x_F}{q-1}$$

d 点坐标：根据精馏段操作线方程和 q 线方程可解得其交点坐标（x_D，y_D）。

提馏段操作线方程见图 6-3。

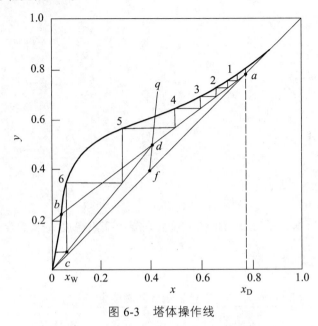

图 6-3　塔体操作线

根据 (x_W, y_W) (x_D, y_D) 两点坐标，利用两点式可求得提馏段操作线方程。

根据以上计算结果，作出相图。

根据作图法或逐板计算法可求算出部分回流下的理论板数 $N_{理论}$。

根据以上求得的全回流或部分回流的理论板数，从而可分别求得其全塔效率 E_t：

$$E_t = \frac{N_{理论} - 1}{N_{实际}} \times 100\%$$

三、实验装置及流程

1. 装置流程图（图 6-4）

2. 流程说明

进料：进料泵从原料罐内抽出原料液，经过塔釜换热器，原料液走管程，塔釜溢流液走壳程，热交换后原料液由塔体中间进料口进入塔体。

塔顶出料：塔内蒸汽上升至冷凝器，蒸汽走壳程，冷却水走管程，蒸汽冷凝成液体，流入馏分器，一路经回流电磁阀回流至塔内，另一路经采出电磁阀流入塔顶产品罐。

塔釜出料：塔釜溢流液经塔釜出料阀 VA03 溢流至塔釜换热器，塔釜溢流液走壳程，原料液走管程，热交换后塔釜溢流液流入塔釜产品罐。

冷却水：来自实验室自来水，经冷却水流量调节阀 VA06 控制，转子流量计计量，流入冷凝器，冷却水走管程，蒸汽走壳程，热交换后冷却水排入地沟。

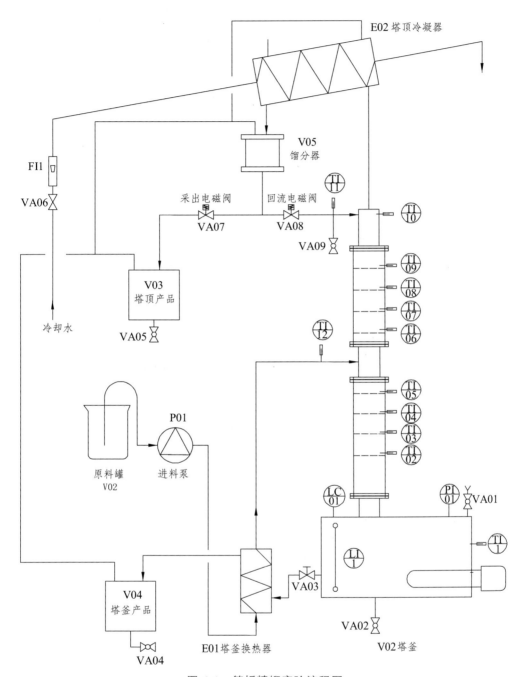

图 6-4 筛板精馏实验流程图

阀门：VA01—塔釜加料阀，VA02—塔釜放净阀，VA03—塔釜出料阀，VA04—塔釜产品罐放净阀，VA05—塔顶产品罐放净阀，VA06—冷却水流量调节阀，VA07—采出电磁阀，VA08—回流电磁阀，VA09—采样阀；

温度：TI01—塔釜温度，TI0,2～TI09—塔板温度，TI10—塔顶温度，TI11—回流温度，TI12—进料温度；

压力：PI01—塔釜压力；

流量：FI01—冷却水流量。

3. 设备仪表参数

精馏塔:塔内径 $D = 50$ mm,塔内采用筛板及圆形降液管,共有 8 块板,板间距 HT = 55 mm;

塔板:筛板上孔径 $d = 1.5$ mm,筛孔数 $N = 127$ 个,开孔率 11%;

进料泵:蠕动泵,25#进料管,流量 1.6 mL/min,转速 0~100.0 r/min;

冷却水流量计 16 ~ 160 L/h;

总加热功率为 3.3 kW;

压力传感器 0 ~ 10 kPa;

温度传感器:PT100,直径 3 mm。

四、操作步骤（以乙醇-水体系为例）

1. 开 车

（1）一般是在塔釜先加入约 10%（体积）的乙醇水溶液,釜液位与塔釜出料口持平（也可低于出料口,但液位过低时电加热无法启动）。

（2）开启装置电源、控制电源,启动触摸屏。

（3）开启电加热电源,选择加热方式,维持塔釜压力在约 1 000 Pa 为合适。

（4）打开塔顶冷凝器进水阀 VA05,流量约 80 L/h。

（5）回流比操作切换至手动状态,关闭采出电磁阀,开启回流电磁阀,使塔处于全回流状态;

（6）配好进料液约 30%（体积）的乙醇水溶液,分析出实际浓度,加入进料罐。

2. 进料稳定阶段

（1）当塔顶有回流后,维持塔釜压力约 1 000 Pa。

（2）全回流操作稳定一定时间后,打开加料泵,将加料流量调至 30~50 mL/min。

（3）维持塔顶温度不变后操作才算稳定。

3. 部分回流

（1）回流比操作切换至自动状态,设置采出电磁阀和回流电磁阀开启时间,一般情况下回流比控制 $R = L/D = 4 \sim 8$（可根据自己情况来定）。

（2）分别读取塔顶、塔釜、进料的温度,取样检测酒度,记录相关数据。

注:乙醇-水体系可通过酒度密度计测得乙醇浓度,操作简单快捷,但精度较低,若要实现高精度的测量,可利用气相色谱进行浓度分析。

4. 非正常操作（非正常操作种类,选做）

（1）回流比过小（塔顶采出量过大）引起的塔顶产品浓度降低。

（2）进料量过大,引起降液管液泛。

（3）加热电压过低,容易引起塔板漏液。

（4）加热电压过大,容易引起塔板过量雾沫夹带甚至液泛。

5. 停　车

（1）实验完毕，回流比操作切换至手动状态，关闭进料泵、采出电磁阀，开启回流电磁阀，维持全回流状态约 5 min。

（2）关闭电加热，等板上无气液时关闭塔顶冷却水。

五、注意事项

（1）每组实验前应观察蒸汽发生器内合适的水位，水位过低或无水，电加热会烧坏。因为电加热是湿式，必须在塔釜有足够液体时（必须掩埋住电加热管）才能启动电加热，否则，会烧坏电加热，因此严禁塔釜干烧。

（2）塔釜出料操作时，应紧密观察塔釜液位，防止液位过高或过低。严禁无人看守塔釜放料操作。

（3）长期不用时，应将设备内水放净。在冬季造成室内温度达到冰点时，设备内严禁存水

（4）严禁打开电柜，以免发生触电。

六、数据记录及计算

（1）记录有关实验数据，用逐板计算法和作图法求得理论板数，完成下列表格（表 6-1、表 6-2）：

表 6-1　部分回流时样品测定数据

塔顶产品				进料				塔釜产品			
t	V_t	V_{20}	x_D	t	V_t	V_{20}	x_F	t	V_t	V_{20}	x_W

表 6-2　部分回流时，数据结果汇总表

压力/Pa	温度/℃		进料流量	R	热状况 q		理论板 N		E_t
	顶	釜	F/(mL/min)		t_F	q	计	图	计

说明：表 6-2 中计算热状况的进料温度 t_F 与表 6-1 中测定进料取样样品温度一致。

（2）作部分回流下的图解（为保证作图的精确，要求在塔釜和塔顶进行放大处理）。

（3）在逐板计算或作图求出的总理论板数时，要求精确到 0.1 块。这就要求在计算到最后一板时，根据塔釜组成 x_W 和 x_n、x_{n-1} 数据进行比例计算。在作图时，在塔釜放大图中也应作如此比例计算。

七、问题与思考

（1）精馏塔的主要结构有哪些？各有什么作用？

（2）如何正确操作精馏塔？

（3）试举例筛板精馏塔在工业方面的应用。

实验 7　萃取实验

一、实验目的

（1）熟悉转盘式萃取塔的结构、流程及各部件的结构和作用。

（2）了解萃取塔的正确操作。

（3）测定转速对分离提纯效果的影响，并计算出传质单元高度。

二、实验原理

1. 基本原理

萃取常用于分离提纯"液-液"溶液或乳浊液，特别是植物浸提液的纯化。虽然蒸馏也是分离"液-液"体系，但和萃取的原理是完全不同的。萃取原理非常类似于吸收，技术原理均是根据溶质在两相中溶解度的不同进行分离操作，都是相间传质过程，吸收剂、萃取剂都可以回收再利用。但又不同于吸收，吸收中两相密度差别大，只需逆流接触而不需要外能；萃取两相密度小，界面张力差也不大，需搅拌、脉动、振动等外加能量。另外，萃取分散的两相分层分离的能力也不高，萃取需足够大的分层空间。

萃取是重要的化工单元过程。萃取工艺成本低廉，应用前景良好。学术上主要研究萃取剂的合成与选取、萃取过程的强化等课题。为了获得高的萃取效率，无论对萃取设备的设计还是操作，工程技术人员必须对过程有全面深刻的了解和行之有效的方法。通过本实验装置可以达到这方面的训练。本实验是通过对水煤油中的苯甲酸萃取进行的验证性实验。

2. 萃取塔结构特征

需要适度的外加能量，需要足够大的分层空间。

3. 分散相的选择

（1）体积流量大者作为分散相（本实验油体积流量大）；

（2）不易润湿的相作为分散相（本实验油为不易润湿）；

（3）界面张力理论，正系统 $d\sigma/dx > 0$（$\sigma \to \infty$）作为分散相；

（4）黏度大的、含放射性的、成本高的选为分散相；

（5）从安全考虑，易燃易爆的作为分散相。

4. 外加能量的大小

有利：（1）增加液液传质表面积；

　　　（2）增加液液界面的湍动提高界面传质系数。

不利：（1）返混增加，传质推动力下降；

（2）液滴太小，内循环消失，传质系数下降；

（3）外加能量过大，容易产生液泛，通量下降。

5. 液 泛

定义：当连续相速度增加，或分散相速度降低，此时分散相上升（或下降）速度为零，对应的连续相速度即为液泛速度。

因素：外加能量过大，液滴过多太小，造成液滴浮不上去；连续相流量过大或分散相过小也可能导致分散相上升速度为零；另外与系统的物性等也有关。

6. 传质单元法计算传质单元数

塔式萃取设备，其计算和气液传质设备一样，即要求确定塔径和塔高两个基本尺寸。塔径的尺寸取决于两液相的流量及适宜的操作速度，从而确定设备的产能；而塔高的尺寸则取决于分离浓度要求及分离的难易程度。本实验装置是属于塔式微分设备，其计算采用传质单元法，与吸收操作中填料层高度的计算方法相似计算萃取段的有效高度。

假设：（1）B 和 S 完全不互溶，浓度 X 用质量比计算比较方便。

（2）溶质组成较稀时，体积传质系数 K_{xa} 在整个萃取段≈常数。

$$h = \frac{B}{K_{xa}\Omega}\int_{X_R}^{X_F}\frac{\mathrm{d}X}{X - X^*}, \quad h = H_{OR} \cdot N_{OR}$$

式中　h——萃取段有效高度，m，本实验 $h = 0.65$ m；

H_{OR}——传质单元高度，m；

N_{OR}——传质单元数。

传质单元数 N_{OR}，对平衡线和操作线均可看作直线的情况下，其计算方法仍可采用平均推动力法进行计算，计算分解示意图如图 7-1 所示：

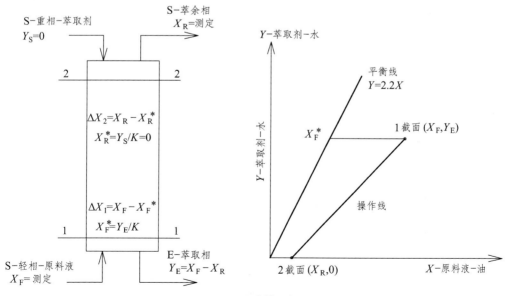

图 7-1　N_{OR} 的计算分解示意图

其计算式为

$$N_{OR} = \frac{\Delta X}{\Delta X_m}$$

$$\Delta X = X_F - X_R$$

$$\Delta X_m = \frac{\Delta X_1 - \Delta X_2}{\ln \frac{\Delta X_1}{\Delta X_2}}$$

$$\Delta X_1 = X_F - X_F^*$$

$$\Delta X_2 = X_R - X_R^*$$

式中，X_F、X_R 可以实际测得，而平衡组成 X^* 可根据分配曲线计算：

$$X_R^* = \frac{Y_S}{K} = \frac{0}{k} = 0$$

$$X_F^* = \frac{Y_E}{K}$$

式中，Y_E 为出塔的萃取相中质量比组成，可以实验测得或根据物料衡算得到。

根据以上计算，即可获得其在该实验条件下的实际传质单元高度。然后，可以通过改变实验条件进行不同条件下的传质单元高度计算，以比较其影响。

说明：为以上计算过程更清晰，需要说明以下几个问题。

（1）物料流计算。

根据全塔物料衡算：

$$F + S = R + E \quad （原料液 F、萃取剂 S、萃余相 R 和萃取相中的水 E）$$

$$FX_F + SY_S = RX_R + EY_E$$

本实验中，为了让原料液 F 和萃取剂 S 在整个塔内维持在两相区（见图 7-2 三角形相图中的合点 M 维持在两相区），也为了计算和操作更加直观方便，取 $F = S$。又由于整个溶质含量非常低，因此得到 $F = S = R = E$。

$$X_F + Y_S = X_R + Y_E$$

本实验中 $Y_S = 0$

$$X_F = X_R + Y_E$$

$$Y_E = X_F - X_R$$

只要测得原料煤油的 X_F 和萃余相油中 X_R 的组成，即可根据物料衡算计算出萃取相水中的组成 Y_E。

（2）转子流量计校正。

本实验中用到的转子流量计是以水在 20 ℃、1.01×10^5 Pa 下进行标定的，本实验的条件也是在接近常温和常压下（20 ℃、1.01×10^5 Pa）进行的，因此由于温度和压力对不可压缩流体的密度影响很微小而导致的刻度校正可忽略。但如果用于测量煤油，因其与水在同等条件下密度相差很大，则必须进行刻度校正，否则会给实验结果带来很大误差。

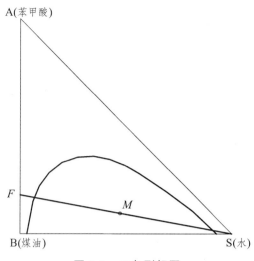

图 7-2　三角形相图

根据转子流量计校正公式：

$$\frac{q_1}{q_0} = \sqrt{\frac{\rho_0(\rho_f - \rho_1)}{\rho_1(\rho_f - \rho_0)}} = \sqrt{\frac{1\,000 \times (7\,920 - 800)}{800 \times (7\,920 - 1\,000)}} = 1.134$$

式中　q_1——实际体积流量，L/h；

　　　q_0——刻度读数流量，L/h；

　　　ρ_1——实际油密度，kg/m³，本实验取 800 kg/m³；

　　　ρ_0——标定水密度，kg/m³，取 1 000 kg/m³；。

　　　ρ_f——不锈钢金属转子密度，kg/m³，取 7 920 kg/m³。

本实验测定，以水流量为基准，转子流量计读数取 q_S = 10 L/h，则

$$S = q_S \rho_{水} = 10/1\,000 \times 1000 = 10(\text{kg 水/h})$$

由于 $F = S$，有 $F = 10$ kg 油/h，则

$$q_F = F / \rho_{油} = 10 / 800 \times 1000 = 12.5\,(\text{L 油/h})$$

根据以上推导计算出的转子流量计校正公式，实际油流量 $q_1 = q_F = 12.5$ L/h，则刻度读数值应为

$$q_0 = q_1 / 1.134 = 12.5 / 1.134 = 11\,(\text{L 油/h})$$

即在本实验中，若使萃取剂水流量 $q_S = 10$ L 水/h，则必须保持原料油转子流量计读数 $q_0 = 11$ L 油/h，才能保证质量流量 F 与 S 的一致。

（3）摩尔浓度 C(mol/L) 的测定。

取原料油（或萃余相油）25 mL，以石蕊为指示剂，用配制好的浓度 $C_{NaOH} \approx 0.01$ mol/L NaOH 标准溶液进行滴定，测出 NaOH 标准溶液用量 V_{NaOH}(mL)，则有

$$C_\text{F}(\text{mol} / \text{L}) = \frac{V_\text{NaOH} / 1\,000 \cdot C_\text{NaOH}}{0.025}$$

同理可测出 C_R，而 $C_\text{E} = C_\text{F} - C_\text{R}$。

（4）摩尔浓度 C 与质量比浓度 $X(Y)$ 的换算。

质量比浓度 $X(Y)$ 与质量浓度 $x(y)$ 的区别：

$$X = \frac{溶质质量}{溶剂质量}$$

$$x = \frac{溶质质量}{溶质质量 + 溶剂质量}$$

本实验因为溶质含量很低，且以溶剂不损耗为计算基准更科学，因此采用质量比浓度 X 而不采用 x。

$$X_\text{R} = C_\text{R} M_\text{A} / \rho_\text{R} = C_\text{R} \times 122/800$$

$$X_\text{F} = C_\text{F} M_\text{A} / \rho_\text{F} = C_\text{F} \times 122/800$$

$$Y_\text{E} = C_\text{E} M_\text{A} / \rho_\text{E} = C_\text{R} \times 122/1\,000$$

注意，此为水的密度。

三、实验装置及流程

1. 实验装置及流程示意

流程描述如图 7-3 所示：

萃取剂：萃取剂罐—水泵—流量计—塔上部进—塔下部出—油水液面控制管—地沟；

原料液：原料液罐—油泵—流量计—塔下部进—塔上部出—萃余相罐—原料液罐。

2. 实验体系

重相：萃取剂——水；

轻相：原料液——煤油中含有苯甲酸。

3. 进料状态

常温。

4. 塔设备结构参数

塔内径 D=84 mm，塔总高 H=1\,300 mm，有效高度 650 mm；塔内采用环形固定环 14 个和圆形转盘 12 个（顺序从上到下 1, 2, …, 12），盘间距 50 mm。塔顶塔底分离空间均为 250 mm。

5. 配套设备参数

循环泵：15 W 磁力循环泵；

贮液罐：ϕ290 mm×400 mm，约 25 L，不锈钢罐 3 个；

调速电机：100 W，0~1 300 r/min，无级调速。

6. 仪表参数

流量计：量程 2.5~25 L/h。

7. 操作参数

萃取剂与原料液 5~15 L/h；

转速：400~1 000 r/min。

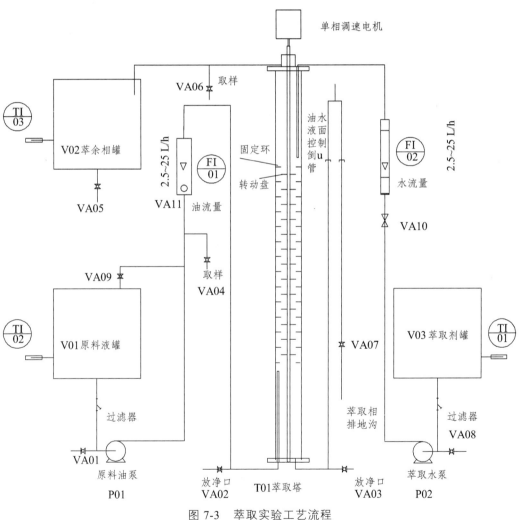

图 7-3　萃取实验工艺流程

四、操作步骤

1. 开车准备阶段

（1）灌塔 T01：在萃取剂循环罐 V03 中倒入蒸馏水，打开水泵 P02，打开进塔水流量计

FI02 向塔内罐水，塔内水上升到最上第一个固定盘与法兰约中间位置即可，关闭进水阀。

（2）配原料液：在原料液罐中先加煤油至 4/5 处，再加苯甲酸配置约 0.03 mol/L 的（配比约为每 1 L 煤油需要 3.66 g 苯甲酸）原料液。此时可分析出实际原料浓度。

（3）开启原料液泵 P01.阀 VA09，排出管内气体，使原料能顺利进入塔内，然后关闭 VA09。

（4）开启转盘电机，使转速在一定值（300 r/min 左右）。

（具体转速，可根据实际情况确定）

2. 实验阶段（保持流量一定，改变转速）

（1）保持一定转速，调节阀 VA10 使原料水 FI02 至一定值（如 10 L/h），再调节阀 VA11 使原料油 FI01 至一定值（如 11 L/h）。

注：转子流量计使用过程中有流量指示逐渐减小情况，注意观察流量，及时手动调节至目标流量。

（2）开启塔底出水阀 VA03，观察塔顶油-水分界面，并维持分界面在第一个固定盘与法兰约中间位置。

注：油-水分界面应在最上固定盘上玻璃管段约中间位置，可微调溢流软管，维持界面位置，界面的偏移对实验结果没有影响。

（3）一定时间后（稳定时间约 10 min），取萃余相（产品煤油）25 mL 样品进行分析。

本实验替代时间的计算，设分界面在第一个固定盘与法兰中间位置，则油的塔内存储体积是$(0.084/2)^2 \times 3.14 \times 0.125 \times 1000 = 0.7(L)$，流量按 11 L/h，替换时间为 $0.7/11 \times 60 = 3.8(\text{min})$。根据稳定时间 = 3 × 替代时间设计，因此稳定时间约为 10 min。

（4）改变转速 500 r/min、700r/min 等，重复以上操作，并记录下相应的转速与出口组成分析数据。

3. 观察液泛

将转速调到约 1 000 r/min，外加能量过大。观察塔内现象。油与水乳化强烈，油滴微小，使油浮力下降不足以上升达到分层，整个塔处于乳化状态。此为塔不正常状态，应避免。

4. 停　车

（1）实验完毕，关闭进料阀 FI01，关闭原料液泵 P01，关闭调速电机。

（2）整理萃余相罐 V02、原料液罐 V01 中料液，以备下次实验用。

五、注意事项

（1）在启动加料泵前，必须保证原料罐内有原料液，长期使磁力泵空转会使磁力泵温度升高而损坏磁力泵。第一次运行磁力泵，须排除磁力泵内空气。若不进料时应及时关闭进料泵。

（2）严禁学生进入操作面板后，以免发生触电。

（3）塔釜出料操作时，应紧密观察塔顶分界面，防止分界面过高或过低。严禁无人看守塔釜放料操作。

（4）在冬季造成室内温度达到冰点时，设备内严禁存水。

（5）长期不用时，一定要排净油泵内的煤油，因为泵内密封材料是橡胶类，被有机溶剂类（煤油）长期浸泡会发生慢性溶解和浸涨，导致密封不严而发生泄露。

六、数据处理及计算

（1）记录有关实验数据，完成下列表格（表7-1、表7-2）：

表 7-1　浓度测定计算表

No	转速/(r/min)	原料液 F				萃余相 R				萃取相 E
		初	终	用量	C_F	初	终	用量	C_R	$C_E = C_F - C_R$
1										
2										
3										

表 7-2　数据结果汇总表

No	转速/(r/min)	X_F	X_R	Y_E	ΔX_m	N_{OR}	H_{OR}
1							
2							
3							

（2）对不同转速下计算出的结果进行比较分析（表7-3）：

表 7-3　结果分析

塔有关数据					
塔内径	塔总高	有效高	转动盘	固定环	环间距
84 mm	1 300 mm	650 mm	12 个	14 个	50 mm
有关物性数据					
温度	水密度	分配系数 K	$M_{苯甲酸}$		油密度
20.0 ℃	998.2 g/mL	2.2	122 g/mol		800 g/mL
分析数据					
取样体积			C_{NaOH}		
25 mL			0.0100 mol/L		

七、问题与思考

（1）转盘式萃取塔的主要结构是什么？
（2）怎样正确操作萃取塔？
（3）转速对分离提纯效果有什么样的影响？
（4）试举例该实验在工业方面的应用。

实验 8　单管蒸发实验

一、实验目的

（1）了解实验流程和预热罐、加热段、升膜观测段、冷凝器、降膜分布器、降膜段的结构。

（2）观察各升膜蒸发阶段不同流动（泡状流、塞状流、翻腾流、环形流及雾流）状况的现象；分析其形成机理，定性分析其各流动状况的传热系数。

（3）分析降膜段降膜蒸发的形成机理，并与升膜蒸发进行比较。

二、实验原理

1. 蒸发机理

对于升膜式蒸发，流体由下向上流动，在升膜观测段形成各种升膜蒸发阶段。在预热罐内，流体被加热升温到接近沸腾，再经加热段汽化，随着管内气泡逐渐增多，最终液体被上升的蒸气拉成环状薄膜，沿壁向上运动，气液混合物由管口高速冲出。被浓缩的液体经降膜液体分布器进入降膜段，蒸汽向上进入冷凝器，而进入降膜段管内的液体，由于降膜液体分布器的作用，形成一顺内管壁的液膜，因重力作用向下流动，在液膜流动过程中，管壁外施以加热，使液膜内部分水分汽化，蒸汽向上从分布器的中心管排出进入冷凝器，而下降的液膜中的水分在减少，液体被浓缩。

在升膜观测测量加热管内出现气液同时流动的情况，在不同的设备条件（管径）、操作条件（加热量及管内液体流量）和物性（气液相黏度、密度和表面张力）下，管内呈现不同的流动形式。

（1）单相液体流动。

液体在测量管内只是一升温过程，温度低于汽化温度。此时，管内由于是单相流动，α只和 Re 有关。

（2）气泡流。

气体以不同尺寸的小气泡比较均匀地分散在向上流动的液体中，随流动逐渐加热，气泡尺寸和个数逐渐增加。此时，管内由于气泡的存在而提高了其湍动，α 会比升温过程有所增大。

（3）塞状流（弹头形流）。

随加热量增大，大部分气体形成弹头形大气泡，其直径几乎与管径相当，少量气体分散成小气泡，处于大气泡之间的液体中。此时，管内由于气泡增大而提高了湍动程度，α 会比气泡流过程有所增大。

（4）翻腾流（搅拌流）。

随着加热量增大，与塞状流有某种相似，但运动更为激烈，弹头形气泡变得狭长并发生扭曲，大气泡间的液体被冲开又合拢，形成振动。此时，管内由于湍动更加剧烈，α 会比塞状流过程有所增大。

（5）环形流。

加热量继续增大，液体沿管壁成环状流动，气体被包围在轴心部分，气相中液滴增多。此时，管内由于湍动剧烈且内壁始终被液膜覆盖，α 会比翻腾流过程有所增大。

（6）雾流

随着加热量增大，气流将液体从管壁带起而成为雾沫，形成所谓的雾流。此时，管内由于完全与气相接触，α 会降低。

2. 实验原理

本实验在升膜观测段上下装置有玻璃视盅，可以方便地判断管内的流动状况。在升膜观测段，外加的电热功率保持一定（保持升膜观测段伴热电流维持不变），足够的保温层，可以看作外加热量（即热负荷 q）是一定的。

$$q(\mathrm{W})=电加热功率\times热效率$$

假定环境恒定，忽略轴向导热，热效率为一定值，又根据管内传热速率方程有

$$q = \alpha \cdot A \cdot \Delta t_{\mathrm{m}}$$

$$\alpha = \frac{q}{A \cdot \Delta t_{\mathrm{m}}}$$

$$A = \pi d l$$

$$\Delta t_{\mathrm{m}} = t_{\mathrm{w}} - 100$$

由此可分析，壁温降低是 α 升高的标志。而在升膜观测段，其内流动可分别有三种状况：一是升温单相液流动；二是气液混合流（气泡流、弹道流、翻腾流、环流）；三是单相蒸汽流（即雾流）。对本实验，只适合做第二种状况，即气液混合流。对气液混合流，因管内流体的温度一定（饱和状态），因此，只要测量出 TI103 > TI104 即可判断管内 α 在逐渐增大。

说明：以上计算假设太多，且每个流动现象没有一明显界定，建议只作理论分析的依据。

总蒸发流量=进料液流量−完成液流量

三、实验装置及流程

1. 装置流程示意图（图 8-1）

2. 流程描述

自来水进水经转子流量计 FI103 进入顶部冷凝器（壳程），溢流排入地沟；原水罐中蒸馏的水经泵、原料流量计（水量可由阀 FI101 调节）进入预热罐内预热，预热到接近沸腾，水再向上经过加热段加热，形成气液混合物，进入升膜观测段，升膜现象可根据升膜观测段的上下两视盅进行观察判断；然后气液混合物进入冷凝器下玻璃视盅，蒸汽向上进入冷凝器，

水进入降膜蒸发分布器，在降膜管段内向下流动进一步蒸发，在降膜管内蒸发的蒸汽从降膜分布器的中心管进入冷凝器，最后降膜段下出来的水经流量计（FI102）进入回水罐；而从升膜和降膜段出来的蒸汽，进入冷凝器冷凝后收集冷凝液，也可回收循环入原水罐中。

说明：收集的蒸汽冷凝水因为温度较高，若直接加入原水罐，由于原水温度变化，很难控制各加热量，造成各蒸发现象不稳定，因此可冷却到常温后下次加入原水罐中利用。另原水罐中必须加入蒸馏水，否则会因为结垢引起实验效果变坏，需拆开酸洗维护。

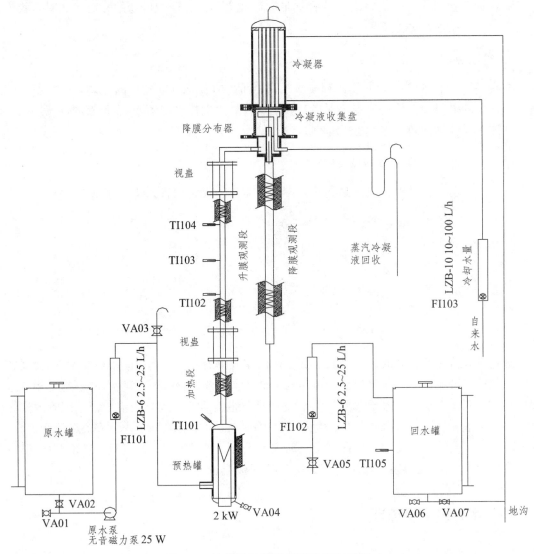

图 8-1　单管蒸发装置原理流程示意图

3. 装置中有关说明

（1）温度说明：TI101—预热罐水温；TI102、TI103、TI104—升膜观察段三处的壁温；TI105—回水罐水温。

（2）有关设备仪表参数：

原水泵：25 W 磁力泵；

原水罐与回水罐：15 L，不锈钢 304；

预热罐：1 L；

冷凝器：内管冷凝面积 $S = 19×3.14 × 0.007 × 0.3 = 0.167$（$m^2$）；

加热功率：预热罐 2 kW 可调，加热段 300 W、测量段 200 W、降膜段 300 W，均可调；

升膜观测段尺寸：管径 $\phi16$ mm×1.5 mm，长度 = 0.5 m，t_3，t_4 测温点距离 = 0.2 m；

降膜段尺寸：管径 $\phi25$mm×2 mm，长度 = 0.7 m；

转子流量计：原水与回水：LZB-6，2.5~25 L/h，

　　　　　　冷却水：LZB-10，10~100 L/h；

本实验消耗：自来水、蒸馏水；

最大电负荷：3.2 kW。

四、实验方法

1. 检查准备阶段

（1）检查阀门：进水流量计阀应关闭，回水阀全开。

（2）打开控制柜总电源按钮、控制电源按钮，检查温度显示是否正常。

（3）打开自来水冷却转子流量计阀门，调节流量在 100 L/h（在满刻度）稳定。

（4）检查原水罐蒸馏水是否加满（实验过程中时刻注意液位，若液位过低，可适当补充蒸馏水）。检查回水罐中的水是否排净（实验过程中若此罐中液位过高，应及时排出）。开启泵，逐渐开大进水流量计 FI101 调节阀，等到升膜观测管段的上玻璃视盅内有液面显示时，徐徐开启管路排气阀 VA03 进行排气，排气后关闭；然后调节流量计 FI101 调节阀，使流量计读数维持某一定值（建议流量为 10 L/h。若流量过大，对降膜形成有影响；过小，温度难于控制。同时，在整个本实验过程中维持流量基本稳定）。

2. 气液混合流（升膜）阶段

（1）适当开 VA03 排气。

（2）调节原水流量在 10 L/h 左右。

（3）开启升膜观测段保温伴热带功率在 100~150 W。

（4）开预热罐电加热，建议功率控制在 600~800 W，可适当改变加热功率，当 TI101 到 85~90 ℃时，从观测升膜段下视窗看到有气泡流时，适当调节预热罐电流，使其维持一定时间的气泡流状态；记录 TI103、TI104，比较原水和回水流量。

（5）适当开启加热段加热功率 200 W 左右，使其下视盅内出现弹头形流，即塞状流，读取 TI103、TI104。

（6）再适当调节预热和加热功率，使其出现翻腾流，记录 TI103、TI104，比较原水和回水流量。

若再开大，可能会出现环流或雾流，环流和雾流界限很不明显，为防止预热罐过度汽化而损坏电加热，不建议做环流。

以上各阶段没有一定的界限，且很难一直维持某种情况，有时会交替发生，如塞状流和翻腾流之间界限就不明显，环形流和雾流界限更不明显，环形流几乎看不到就已经雾流了。

3. 单相蒸汽流（环流和雾流）阶段

为防止预热罐过度汽化而损坏电加热，不建议此操作。

4. 降膜蒸发

（1）适当开 VA03 排气。

（2）维持原料流量在 10 L/h 左右。

（3）维持升膜阶段处于气泡流、塞状流或翻腾流状态。

（4）开启调节降膜加热功率，使降膜段开始加热蒸发。

（5）比较原料和完成液流量，分析有降膜蒸发的完成液流量和无降膜蒸发的完成流量之间的变化。

5. 停　车

实验完毕，先关各电加热，待稳定一段时间，再关泵、进水阀，关冷却水。

五、注意事项

（1）泵启动前，保证出口管上的阀关闭，以防水量突然升高而损坏转子流量计。

（2）长时间不用或在冬季，一定要放净系统内水，以免结冰胀坏玻璃转子流量计和玻璃视盅。

（3）由于季节变化，环境温度对热量损失有影响，以上加热电流只是建议，具体各电流调节还需用户按实际流动状况情况确定，不可拘泥于该指导书。

（4）转子流量计故障：如转子调节旋钮松动，可紧固固定螺钉；若转子黏接到两端，可拆卸下转子流量计用高锰酸钾洗液（或 2%盐酸）进行冲洗；若认为玻璃管损坏，可联系厂家更换。

（5）电加热故障：预热罐电加热烧坏（无电流显示），可直接联系厂家更换，或就地买不锈钢标准 220 V、2 kW 电湿烧加热管更换；若加热段、升膜观察段及降膜段伴热带损坏（无电流指示），可除去外保温，按原来缠绕方法进行更换。

（6）温度故障：若四路温度均不显示，可能是显示仪表有问题，通知厂家更换；若个别温度有问题，可能是 PT100 传感器有问题，可将详细情况通知厂家，用户在厂家指导下安装更换。

（7）视盅故障：视盅处长时间可能由于污物模糊，可取下用高锰酸钾洗液（或 2%盐酸）进行冲洗；若密封垫损坏泄漏，可根据原来密封垫大小用硅胶板自制即可。

六、数据处理及计算

填入表 8-1、表 8-2。

表 8-1　气液混合流（升膜）阶段

项　目	保温伴热带功率/W	预热罐电加热功率/W	TI101温度/℃	TI103温度/℃	TI104温度/℃	原水流量/(L/h)	回水流量/(L/h)
结　果							

表 8-2　降膜蒸发阶段

项　目	结果				
	气泡流	塞状流	翻腾流	有降膜蒸发	无降膜蒸发
原水流量/(L/h)					
回水流量/(L/h)					

七、问题与思考

（1）单管蒸发实验的实验流程是什么？

（2）阐述预热罐、加热段、升膜观测段、冷凝器、降膜分布器和降膜段的结构。

（3）观察各升膜蒸发阶段不同流动（泡状流、塞状流、翻腾流、环形流及雾流）状况的现象，并分析其形成机理。

（4）降膜段降膜蒸发的形成机理是什么？与升膜蒸发有何异同点？

（5）单管蒸发在工业方面有何运用？

实验 9　吸收实验

一、实验目的

（1）了解吸收装置的流程、设备和操作。
（2）了解填料吸收塔流体力学性能。
（3）熟悉吸收塔传质系数的测定方法；了解气速和喷淋密度对吸收总传质系数的影响。

二、实验原理

实验原理分为两部分：一是填料塔流体力学性能测定，二是传质系数的测定。

1. 填料塔流体力学性能测定

气体在填料层内的流动一般处于湍流状态。在干填料层内，气体通过填料层的压降与流速（或风量）的关系成正比。

当气液两相逆流流动时，液膜占去了一部分气体流动的空间。在相同的气体流量下，填料空隙间的实际气速有所增加，压降也有所增加。同理，在气体流量相同的情况下，液体流量越大，液膜越厚，填料空间越小，压降也越大。因此，当气液两相逆流流动时，气体通过填料层的压降要比干填料层大。

当气液两相逆流流动时，低气速操作时，膜厚随气速变化不大，液膜增厚所造成的附加压降并不显著，此时压降曲线基本与干填料层的压降曲线平行。气速提高到一定值时，由于液膜增厚对压降影响显著，此时压降曲线开始变陡，这些点称之为载点。不难看出，载点的位置不是十分明确的，但它提示人们，自载点开始，气液两相流动的交互影响已不容忽视（在实验中可以根据一些明显的现象判断出载点。如当某一喷淋密度情况下，从小到大改变风量，当风量调大并很快稳定，说明还没有到达载点。当风量调大后，风量会逐渐下降，说明此时塔内已开始液膜变厚，此时为载点）。

自载点以后，气液两相的交互作用越来越强，当气液流量达到一定值时，两相的交互作用恶性发展，将出现液泛现象，在压降曲线上压降急剧升高，此点称为泛点（在实验中，当超过载点后，达到稳定的风量时间变长。当增加风量到一定时，塔内液量急剧增多，压降升高，甚至从塔底排液处逸出气体）。

对本实验装置，为避免由于液泛导致测压管线进水，更为严重的是防止取样管线进水，对色谱造成损坏，因此只要一看到塔内明显出现液泛（一般在最上填料表面先出现液泛，液泛开始时，上填料层开始积聚液体），即刻调小风量，这点希望操作人员切记。

本装置采用某一定水量不变时，测出不同风量下的压降。

（1）风量的测定。

用转子流量计，可直接读数 $q_0(\text{m}^3/\text{h})$，然后温压校正计算出实际 q 即可：

$$q(\text{m}^3/\text{h}) = q_0 \sqrt{\frac{\rho_0}{\rho_1}}$$

$$\rho_0 = 1.205$$

$$\rho_1 = \rho_0 \frac{p_0 + p_1}{p_0} \cdot \frac{273 + t_0}{273 + t_1}$$

$$p_0 = 101\,325\ \text{Pa}$$

$$t_0 = 20\ ^{\circ}\text{C}$$

p_1 和 t_1 根据测定。

（2）全塔压差的读取。

用 U 形管可直接读取 p_2，单位为 Pa。

2. 体积传质系数的测定

对于水吸收空气中的 CO_2，在常温常压下，由于亨利常数很大，溶解度很小，可知 CO_2 属难溶气体，吸收属于液膜控制。因此，在本实验过程中，只对某一气量下，进行不同喷淋密度下吸收系数的测定。

根据吸收速率方程[条件：K_{xa} 为常数，等温、低吸收率（或低浓度、难溶等）]：

$$G_a = K_{xa} \cdot V \cdot \Delta x_m$$

则

$$K_{xa} = G_a/(V \cdot \Delta x_m)$$

式中　K_{xa}——填料塔体积传质系数，$\text{kmol } CO_2/(\text{m}^3 \cdot \text{h} \cdot \Delta x_m)$；

$\quad\quad G_a$——填料塔的吸收量，$\text{kmol } CO_2/\text{h}$；

$\quad\quad V$——填料层的体积，m^3；

$\quad\quad \Delta x_m$——填料塔的平均推动力。

（1）G_a 的计算。

可测出：水流量 q_s（m^3/h），空气流量 q_1（m^3/h），水温 t_2，气温 t_1 和气压 p_1。

塔底进口组成 y_1 和塔顶出口组成 y_2 可由色谱直接读出，则

$$L_s(\text{kmol/h}) = \frac{q_s \times \rho_s}{M_s}$$

式中　q_s——测出的水流量，m^2/h；

$\quad\quad \rho_s$——水密度，根据水温 t_2 查出；

$\quad\quad M_s$——水的摩尔质量，取 18 g/mol。

$$G_B(\text{kmol/h}) = \frac{q_1 \cdot \rho_1}{M_{空气}}$$

式中　q_1、ρ_1——计算方法同前；

$\quad\quad M$——空气的摩尔质量，取 29 g/mol。

由全塔物料衡算：$G_a = L_s(X_1 - X_2) = G_B(Y_1 - Y_2)$

$$Y_1 = \frac{y_1}{1 - y_1}$$

$$Y_2 = \frac{y_2}{1 - y_2}$$

假定：$X_a = 0$，则可计算出 G_a 和 X_1。

（2）Δx_m 的计算。

根据测出的水温可插值求出亨利常数 $E(10^5 \text{ Pa})$，本实验为 $p = 1 \times 10^5 \text{ Pa}$，则 $m = E/p$，

$$\Delta x_m = \frac{\Delta x_2 - \Delta x_1}{\ln \dfrac{\Delta x_2}{\Delta x_1}}$$

$$\Delta x_2 = x_{e2} - x_2$$

$$\Delta x_1 = x_{e1} - x_1$$

$$x_{e2} = \frac{y_2}{m}$$

$$x_{e1} = \frac{y_1}{m}$$

在 H_2O-CO_2 系统中 m 与 t 的关系：

$$m = 0.317\,9 \cdot t^2 + 28.389 \cdot t + 725.5$$

三、实验装置及流程

1. 装置流程图（图 9-1）

本实验是在填料塔中用水吸收空气-CO_2 混合气中的 CO_2，以求取填料吸收塔的流体力学和体积传质系数。

2. 流程描述

空气：由风机送来，经流量计与来自钢瓶的二氧化碳气混合后进入填料吸收塔底部，与塔顶喷淋下来的吸收剂（水）逆流接触吸收，吸收后的尾气进入大气。

CO_2：钢瓶中的 CO_2 经根部阀、减压阀、针型调节阀和 CO_2 流量计后，与空气混合。

水：吸收用水经流量计计量后送入吸收塔顶，吸收液自塔底流出排入地沟。

取样：在吸收塔气相进、出口管上设有取样口，取样采用手工取样。

3. 主设备参数

（1）填料塔：陶瓷拉西环 $\phi 10$ mm，内塔径 100 mm，填料层高(600 + 600) mm = 1 200 mm。

（2）气泵：旋涡气泵三相 750 W，380 V。

（3）转子流量计：空气 LZB-25，1~10 m³/h，LZB-6，100~1 000 L/h，LZB-4，16~160 L/h；水 LZB-25，100~1 000 L/h。

（4）温度：Pt100 传感器，t_1 风温校正，t_2 水温。

（5）压力：U 形管压力计，±5 000 Pa；全塔压差 p_2，膜盒压力表：进气风压 p_1，0~6 kPa。

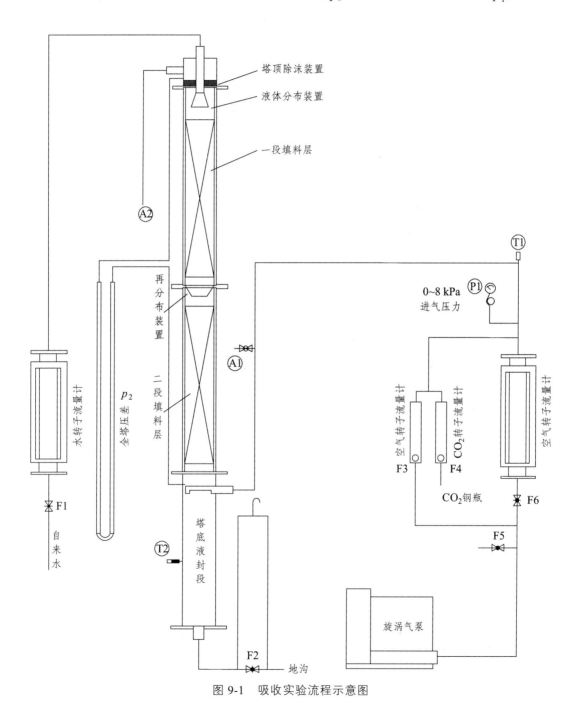

图 9-1 吸收实验流程示意图

四、操作步骤

1. 填料塔流体力学性能测定

实验前阀 F5 为全开，其他阀均为全关闭状态。

（1）开总电源、仪表上电。

（2）开自来水 F1，使流量大约调到 400 L/h。

（3）启动风机，开启 F8（或适当关小 F5），调节风量分别在 2、3、4~10 m^3/h，风量每调节后约稳定后，分别记录不同风量下的风量 q_0、全塔压差 p_2。

特别说明：经过计算和比较，因为风温和风压变化不大，对风量影响不大，因此对做流体力学性能实验时，往往直接读出风量和全塔压差即可。

（4）分别将水量稳定在 300、200、0 L/h，重复第 3 步。一定注意，在水量大于 200 L/h 后，最大风量达不到 10 m^3/h 时，就出现液泛现象，应及时调小风量。

（5）全开 F5，关闭 F1、F6，停风机，使设备复原。

2. 体积传质系数的测定

实验前检查阀门，F5 全开，F3、F4 约半开（空气和 CO_2 转子流量计下的调节阀切记不全开，更不能全关。全开容易使气压太低，气量受塔内水量变化而变化较大，不容易保证气量的定常流动；若全关，极易造成流量计前憋压而使连接软管脱落）。其他阀门全关。

另说明：本测定适合小风量下进行，所以只开启小空气转子流量计，因为风量很小，经过孔板压差计的压差几乎读不出来，又因风量不变，因此风量可作为输入值。这里采用小风量有两个原因：一是风量大，液量变化范围受限制，液量大很容易造成液泛，影响实验数据点数量；二是风量大，CO_2 的用量也随着消耗大增。但主要原因还是实验点受限制。

（1）开启 F1，使流量大约调到 200 L/h。

（2）启动风机，开启 F3（或适当关小 F5），调节风量到预定值 400~600 L/h。

（3）全开 CO_2 钢瓶总阀，根据 CO_2 流量计读数微开减压阀，可微调 F4 使 CO_2 流量在 120~160 L/h。实验过程中维持此流量不变。

特别提示：由于从钢瓶中经减压释放出来的 CO_2，流量需要稳定一定时间，因此，为减少不必要的先开水和先开风机的电浪费，最好将此步骤先提前半个小时进行，约半个小时，CO_2 流量可以达到稳定，然后再开水和风机。

（4）至少稳定 5 min 后，取进出口气样分析。一般情况下，在维持进口风量和 CO_2 流量不变的情况下，进口组成只取一次即可。而出口组成则随水量的改变而改变。

（5）依次改变水量 350、500、700 L/h，至少稳定 5 min 后可只取出口样分析。

（6）实验完毕后，先关 CO_2 钢瓶总阀，等用户压力为 0 时，关闭减压阀，再关 F4；关 F1 停自来水；关 F3 后停气泵；关总电源。

五、注意事项

（1）查看三相电指示灯，若不全亮，切不可开泵和风机，避免两相电损坏电机。应查看是指示灯问题还是缺相，缺相一定修好后再实验。

（2）在初次使用、线路改动或搬动装置时，应检查风机的转向是否正确。

（3）在操作时，一定要注意液泛的发生，若测压管线进水，应拔掉管插头放出水，检验测压管线内是否有水。特别注意，进样管内不得有水，否则可能损坏进样泵和色谱。

（4）若长时间不做实验，开F3，F4放净塔下部水封和水槽中的水，以免冬天结冰损坏设备。

六、数据记录及计算

（1）原始数据记录、计算结果填入表9-1、表9-2。

表9-1　全手动流体力学数据测定记录表

水量 = 0 L/h		水量 = 200 L/h		水量 = 300 L/h		水量 = 400 L/h	
转子流量计风量/（m³/h）	U形管全塔压差 p_2/Pa	转子流量计风量/（m³/h）	U形管全塔压差 p_2/Pa	转子流量计风量/（m³/h）	U形管全塔压差 p_2/Pa	转子流量计风量/（m³/h）	U形管全塔压差 p_2/Pa
2		2		2		2	
3		3		3		3	
4		4		4		4	
5		5		5		5	
6		6		6		6	
7		7		7		7	
8		8		8		液泛区	
9		9		液泛区			
10							

表9-2　计算结果

水温=　　　空气流量=　　　气温=　　　气压=　　　CO₂流量=　　　空气进口组成=

No	水 L_s/(L/h)	气相组成		空气 G_a/(kmol/h)	Δx_m	L'_s/[kmol/(m²·h)]	K_{xa}[kmol/(m³·h·Δx_m)]	备注
		y_1	y_2					
1	200							
2	350							
3	600							
4	700							

（2）在双对数坐标上绘出不同水量下的流体力学性能，找出规律和载液点。

（3）计算不同条件下的填料吸收塔的液相体积总传质系数。

（4）在双对数坐标上绘出 K_{xa} 与水喷淋密度[kmol/(m²·h)]之间的关系图线。

计算示例：以第 1 组为计算示例（图 9-2）。

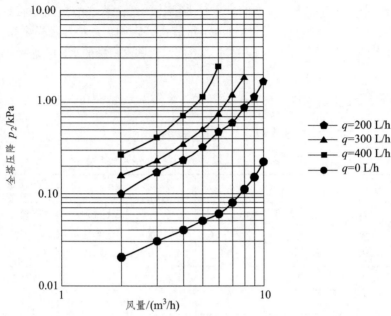

不同喷淋密度下Δp（p_2）全塔压降与风量/空塔速度的关系

图 9-2　吸收实验数据调试计算示例

已知：水温 $t_2 = 17$ ℃，则水的密度 $\rho = 998.7$ kg/m³，亨利常数 $m = E/p = 1\ 298/1 = 1\ 298$，气温 $t_1 = 21.5$ ℃，气压 $p_1 = 450$ Pa，大气压 = 101 325 Pa，风量 $q_1 = 0.48$ m³/h，水量 $q_s = 0.21$ m³/h，进口组成 $y_1 = 10.55$，出口组成 $y_2 = 8.223$。

1. G_a 的计算

$$L_s = q_s \times \rho_水 / M_水 = 0.21 \times 998.7 / 18 = 11.65 \ (\text{kmol/h})$$

$$\rho_1 = \frac{(101\ 325 + 450) \times 293}{101\ 325 \times (273 + 21.5)}1.205 = 1.204 \ (\text{kg} / \text{m}^3)$$

$$q_1 = q_0 \cdot \sqrt{\frac{\rho_0}{\rho_1}} = 0.48 \cdot \sqrt{\frac{1.205}{1.204}} = 0.480\ 2 \ (\text{m}^3 / \text{h})$$

$$G_B = \frac{q_1 \cdot \rho_1}{M_{空气}} = \frac{0.480\ 2 \times 1.204}{29} = 0.019\ 94 \ (\text{kmol} / \text{h})$$

$$Y_1 = y_1/(1-y_1) = 0.105\ 5/(1-0.105\ 5) = 0.117\ 9$$

$$Y_2 = y_2/(1-y_2) = 0.082\ 33/(1-0.082\ 33) = 0.089\ 72$$

由全塔物料衡算：$G_a = L_s(X_1 - X_2) = G_B(Y_1 - Y_2)$

假定：$X_a = 0$，则可计算出 G_a 和 X_1。

$$G_a = L_s(X_1 - X_2) = G_B(Y_1 - Y_2) = 11.64 \times (X_1 - 0) = 0.02048 \times (0.117\,9 - 0.089\,72)$$

$$= 5.771 \times 10^{-4} \text{ (kmol/h)}$$

$$X_1 = 4.958 \times 10^{-5}$$

2. Δx_m 的计算

根据测出的水温可插值求出亨利常数 $E(10^5 \text{ Pa})$，本实验为 $p = 1 \times 10^5 \text{ Pa}$，则 $m = E/p = 1\,298$。

$$x_{e2} = y_2/m = 0.082\,33/1\,298 = 6.343 \times 10^{-5}$$

$$x_{e1} = y_1/m = 0.105\,5/1\,298 = 8.128 \times 10^{-5}$$

$$\Delta x_2 = x_{e2} - x_2 = 6.343 \times 10^{-5} - 0 = 6.343 \times 10^{-5}$$

$$\Delta x_1 = x_{e1} - x_1 = 8.128 \times 10^{-5} - 4.954 \times 10^{-5} = 3.172 \times 10^{-5}$$

$$\Delta x_m = \frac{\Delta x_2 - \Delta x_1}{\ln \dfrac{\Delta x_2}{\Delta x_1}} = \frac{(6.343 - 3.172) \times 10^{-5}}{\ln \dfrac{6.343}{3.172}} = 4.576 \times 10^{-5}$$

3. 体积传质系数的测定

塔内填料体积 $V = \pi d^2 h / 4 = \pi \times 0.1^2 \times 1.2 / 4 = 0.009\,425$ （m^3）

$$K_{xa} = \frac{G_a}{V \cdot \Delta x_m} = \frac{5.660 \times 10^{-4}}{0.009\,425 \times 4.394 \times 10^{-5}} = 1\,367 \text{ [kmol (m}^3 \cdot \text{h} \cdot \Delta x)]$$

4. 喷淋密度

塔内截面面积 $S = \pi d^2/4 = \pi \times 0.1^2/4 = 0.007\,854$ （m^2）

$$L_s' = L_s/S = 11.64/0.007\,854 = 1\,482 \text{ [kmol(m}^2 \cdot \text{h)]}$$

七、问题与思考

（1）阐述吸收装置的流程和操作。

（2）试通过实验分析填料吸收塔流体力学的性能。

（3）实验吸收塔传质系数的测定方法是什么？气速和喷淋密度对吸收总传质系数有怎样的影响？

（4）试阐述合成氨工业流程中氨气的吸收过程。

实验 10　吸收与解吸实验

一、实验目的

（1）了解吸收与解吸装置的设备结构、流程和操作。
（2）学会吸收塔传质系数的测定方法；了解气速和喷淋密度对吸收总传质系数的影响。
（3）学会解吸塔传质系数的测定方法；了解影响解吸传质系数的因数。
（4）练习单个吸收操作、单个饱和液解吸操作及吸收解吸联合操作。

二、实验原理

1. 吸收实验（流程如图 10-1 所示）

根据传质速率方程，在假定 K_{xa} 为常数，等温、低吸收率（或低浓度、难溶等）条件下推导得出吸收速率方程：

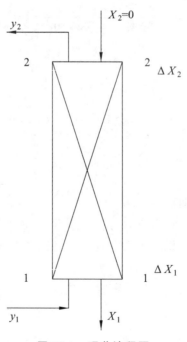

图 10-1　吸收流程图

$$G_a = K_{xa} \cdot V \cdot \Delta x_m$$

则 $\qquad K_{xa} = G_a / (V \cdot \Delta x_m)$

式中　K_{xa}——体积传质系数，kmol CO_2/($m^3 \cdot$ h)；

　　　G_a——填料塔的吸收量，kmol CO_2/h；

　　　V——填料层的体积，m^3；

　　　Δx_m——填料塔的平均推动力。

（1）G_a 的计算。

可测出：由质量流量计可测得水流量 V_s(m^3/h)、空气流量 V_B(m^3/h)（显示流量为 0 ℃，101.325 kPa 标准状态流量）；y_1 及 y_2（可由 CO_2 分析仪直接读出），则

$$L_s \text{(kmol/h)} = V_s \times \rho_{水} / M_{水}$$

$$G_B = \frac{V_B \cdot \rho_0}{M_{空气}}$$

标准状态下 ρ_0=1.293 g/mL，因此可计算出 L_S、G_B。

又由全塔物料衡算：$G_a = L_s(X_1 - X_2) = G_B(Y_1 - Y_2)$

$$Y_1 = \frac{y_1}{1 - y_1}$$

$$Y_2 = \frac{y_2}{1 - y_2}$$

认为吸收剂自来水中不含 CO_2。则 $X_2 = 0$，则可计算出 G_a 和 X_1。

（2）Δx_m 的计算。

根据测出的水温可插值求出亨利常数 E(10^5 Pa)，本实验为 $p = 1 \times 10^5$ Pa，则 $m = E/p$

$$\Delta x_m = \frac{\Delta x_2 - \Delta x_1}{\ln \dfrac{\Delta x_2}{\Delta x_1}}$$

$$\Delta x_2 = x_{e2} - x_2$$

$$\Delta x_1 = x_{e1} - x_1$$

$$x_{e2} = \frac{y_2}{m}$$

$$x_{e1} = \frac{y_1}{m}$$

附：不同温度下 CO_2-H_2O 的亨利常数（表 10-1）。

表 10-1　不同温度下 CO_2-H_2O 的亨利常数

温度 t/ ℃	5	10	15	20	25	30
E/10^5 Pa	877	1 040	1 220	1 420	1 640	1 860

2. 解吸实验（流程如图 10-2 所示）

根据传质速率方程，在假定 K_{Ya} 为常数，等温、低解吸率（或低浓度、难溶等）条件下推导得出解吸速率方程：

$$G_a = K_{Ya} \cdot V \cdot \Delta Y_m$$

则

$$K_{Ya} = G_a / (V \cdot \Delta Y_m)$$

式中　K_{Ya}——体积解吸系数，kmol CO_2/($m^3 \cdot$ h)；

　　　G_a——填料塔的解吸量，kmol CO_2/h；

　　　V——填料层的体积，m^3；

　　　ΔY_m——填料塔的平均推动力。

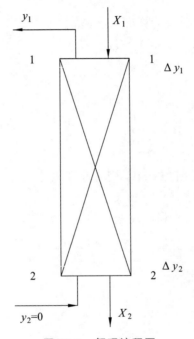

图 10-2　解吸流程图

（1）G_a 的计算。

可测出：由流量计测得 $V_s(m^3/h)$、$V_B(m^3/h)$，y_1 及 y_2（可由二氧化碳分析仪直接读出），则

$$L_s(kmol/h) = V_s \times \rho_{水} / M_{水}$$

$$G_B = \frac{V_B \cdot \rho_0}{M_{空气}}$$

标准状态下 $\rho_0 = 1.293$ g/mL，因此可计算出 L_s、G_B。

又由全塔物料衡算：$G_a = L_s(X_1 - X_2) = G_B(Y_1 - Y_2)$

$$Y_1 = \frac{y_1}{1 - y_1}$$

$$Y_2 = \frac{y_2}{1-y_2} = 0$$

认为空气中不含 CO_2，则 $y_2=0$。又因为进塔液体中 X_1 有两种情况：一是直接将吸收后的液体用于解吸，则其浓度即为前吸收计算出来的实际浓度 X_1；二是只做解吸实验，可将 CO_2 充分溶解在液体中，可近似形成该温度下的饱和浓度。其 x_1^* 可由亨利定律求算出：

$$x_1^* = \frac{y}{m} = \frac{1}{m}$$

则可计算出 G_a 和 X_2。

（2）ΔY_m 的计算。

根据测出的水温可插值求出亨利常数 $E(10^5 Pa)$，本实验为 $p = 1 \times 10^5\,Pa$，则 $m = E/p$。

$$\Delta Y_m = \frac{\Delta Y_2 - \Delta Y_1}{\ln\dfrac{\Delta Y_2}{\Delta Y_1}}$$

$$\Delta Y_2 = Y_2 - Y_{e2}$$

$$\Delta Y_1 = Y_1 - Y_{e1}$$

$$y_{e2} = m \cdot x_2$$

$$y_{e1} = m \cdot x_1$$

根据公式 $Y = \dfrac{y}{1-y}$，将 y_e 换算成 Y_e。

三、实验装置及流程

本实验是在填料塔中用水吸收空气-CO_2 混合气中的 CO_2，利用空气解吸水中的 CO_2 以求取填料塔的吸收传质系数和解吸系数。

1. 装置流程图（图 10-3）

2. 流程说明

空气：来自风机出口总管。其分成两路：一路经流量计 FI01 与来自流量计 FI05 的 CO_2 气混合后进入填料吸收塔底部，与塔顶喷淋下来的吸收剂（水）逆流接触吸收，吸收后的尾气排入大气；另一路经流量计 FI03 进入填料解吸塔底部，与塔顶喷淋下来的含 CO_2 水溶液逆流接触进行解吸，解吸后的尾气排入大气。

CO_2：钢瓶中的 CO_2 经减压阀、调节阀 VA05、流量计 FI05，分成两路，一路经电磁阀 VA05 进入吸收塔；另一路经电磁阀 VA06 进入加碳泵后与饱和罐中的循环水充分混合可形成饱和 CO_2 水溶液。

水：吸收用水来自自来水，经流量计 FI02 送入吸收塔顶，吸收液自塔底，分成两种情况，一是若只做吸收实验，吸收液流入饱和罐且充满；二是若做吸收-解吸联合操作实验，可开启解吸泵，将溶液经流量计 FI04 送入解吸塔顶，经解吸后的溶液从解吸塔底经 VA10 流经倒 U 形管排入地沟。

取样：在吸收塔气相进口设有取样点 VA13，出口管上设有取样点 VA12，在解吸塔气体进口设有取样点 VA14，出口有取样点 VA15，样气从取样口进入二氧化碳分析仪进行含量分析。

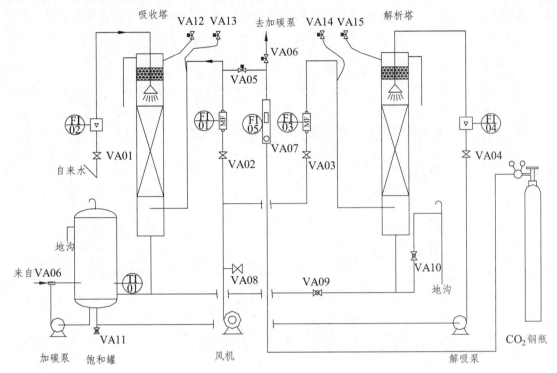

图 10-3　吸收与解吸实验流程图

阀门：VA01—吸收液调节阀，VA02—吸收空气调节阀，VA03—解吸气调节阀，VA04—解吸液调节阀，VA05—吸收 CO_2 开关阀，VA06—饱和 CO_2 开关阀，VA07—CO_2 调节阀，VA08—空气旁路阀，VA09—解吸液回流阀，VA10—解吸液溢流阀，VA11—解吸液溢流阀，VA12—吸收塔出气采样阀，VA13—吸收塔进气采样阀 VA14—解吸塔进气采样阀，VA15—解吸塔出气采样阀；

温度：TI01—液相温度；

流量：FI01—吸收空气流量，FI02—吸收液流量，FI03—解吸空气流量，FI04—解吸液流量，FI05—CO_2 气流量。

3. 设备仪表参数

填料塔：塔内径 100 mm，填料层高 600 mm，填料为陶瓷拉西环，丝网除沫；

风机：旋涡气泵 550 W；

泵：加碳泵为增压泵 260 W，解吸泵为离心泵 370 W；

饱和罐：PE，50 L；

温度：Pt100 传感器；

流量计：水涡轮流量计，0～1 000 L/h；

　　　　气相质量流量计，0～1.5 m³/h，0～18 m³/h；

气相转子流量计，1～4 L/min。

四、操作步骤

1. 单独吸收实验

（1）接通自来水，开启水流量调节阀 VA01 到第一个流量（按 750、600、450、300 L/h 水量调节，从大流量开始做，最后是小流量，便于做解吸实验）。

（2）全开 VA02，启动风机，逐渐关小 VA08，可微调 VA07 使 FI01 风量在 0.4～0.5 m^3/h。实验过程中维持此风量不变。

（3）开启 VA05，全开 VA07，开启 CO_2 钢瓶总阀，微开减压阀，根据 CO_2 流量计读数可微调 VA07 使 CO_2 流量在 2～3 L/min。实验过程中维持此流量不变。

特别提示：由于从钢瓶中经减压释放出来的 CO_2，流量需要稳定一定时间，因此，为减少不必要的先开水和先开风机的电浪费，最好将此步骤先提前半个小时进行，约半个小时，CO_2 流量可以达到稳定，然后再开水和风机。

（4）当各流量维持一定时间后（填料塔体积约 9 L，气量按 0.4 m^3/h 计，全部置换时间约 90 s，即按 2 min 为稳定时间），打开 VA13 电磁阀，在线分析进口 CO_2 浓度，等待 2 min，检测数据稳定后采集数据，再打开 VA12 电磁阀，等待 2 min，检测数据稳定后采集数据。

（5）调节水量（按 750、600、450、300 L/h 水量调节），每个水量稳定后（气量和 CO_2 流量在整个实验中维持不变，因此进口样不需再取），只取出口气样进行分析。

（6）实验完毕后，应先关闭 CO_2 钢瓶总阀，等 CO_2 流量计无流量后，关闭减压阀。停风机。关闭水流量 VA01，关闭自来水上水。

2. 吸收解吸联合实验

（1）在吸收实验维持水量最小时，出塔液体中 CO_2 的浓度最大，此时解吸效果较好，因此建议在水量 300 L/h 吸收实验点时，同时做解吸实验。

（2）开启 VA10，启动解吸泵，调节 VA04，使解吸塔流量也维持在 300 L/h。解吸塔底部出液由塔底的倒 U 形管直接排入地沟。

（3）全开 VA03、VA08，启动风机，调节 VA03，使 FI03 风量维持在 0.4～0.5 m^3/h，并注意保持 FI01 风量维持不变。

（4）当各流量维持一定时间后（填料塔体积约 9 L，气量按 0.4 m^3/h 计，全部置换时间约 90 s，即按 2 min 为稳定时间），依次打开采样点阀门（VA13、VA12、VA14、VA15 电磁阀），在线分析 CO_2 浓度，注意每次要等待检测数据稳定后再采集数据。

（5）实验完毕，可先关吸收塔水、气，再关解吸塔水、气。最后将饱和罐中的水保留，以便下边的单独解吸实验操作。

3. 单独解吸实验

（1）在单独解吸实验时，因液体中 CO_2 浓度未知，因此需要做饱和液体，只要测得液体温度，即可根据亨利定律求得其饱和浓度。所以，需要在饱和罐中制作饱和液。在上面实验结束时，在饱和罐中有不饱和的液体（若没有作吸收解吸实验，可将水直接从吸收塔送入饱和罐）。

（2）启动加碳泵，开启 VA06，全开 VA07，开启 CO_2 钢瓶总阀，微开减压阀，根据 CO_2 流量计读数可微调 VA07 使 CO_2 流量在 2～3 L/min，实验过程中维持此流量不变，约 10 min 后，饱和罐内的溶液饱和。

（3）关闭 VA10，开启 VA09。开启解吸泵，调节 VA04，使解吸水量维持在一定值（为了与不饱和解吸比较，建议在同一水量 300 L/h）。

（4）全开 VA03、VA08，启动风机，调节 VA03，使 FI03 风量维持在 0.4～0.5 m^3/h。

（5）当各流量维持一定时间后（填料塔体积约 9 L，气量按 0.4 m^3/h 计，全部置换时间约 90 s，即按 2 min 为稳定时间），打开 VA14 电磁阀，在线分析进口 CO_2 浓度，等待 2 min，检测数据稳定后采集数据，再打开 VA15 电磁阀，等待 2 min，检测数据稳定后采集数据。

（6）实验完毕后，应先关闭 CO_2 钢瓶总阀，等 CO_2 流量计无流量后，关闭钢瓶减压阀和总阀。停风机、饱和泵和解吸泵，使各阀门复原。

五、注意事项

（1）在启动风机前，应检查三相动力电是否正常，若缺相，极易烧坏电机；为保证安全，检查接地是否正常。

（2）因为泵是机械密封，必须在泵有水时使用，若泵内无水空转，易造成机械密封件升温损坏而导致密封不严，需专业厂家更换机械密封。因此，严禁泵内无水空转！

（3）长期不用时，应将设备内水放净。

（4）严禁打开电柜，以免发生触电。

六、数据记录及计算

（1）计算不同条件下的填料吸收塔的液相体积总传质系数；

（2）在双对数坐标上绘出 K_{xa} 与水喷淋密度[kmol/(m^2·h)]之间的关系图线；

（3）计算不饱和液解吸传质系数；

（4）计算饱和液解吸传质系数，与不饱和液解吸传质系数比较。

原始数据记录、计算结果表格见表 10-2 至表 10-4（参考）：

表 10-2　吸收实验

水温 =　　　　空气流量 =　　　　CO₂ 流量 =　　　　空气进口组成 =

No	水 L_s /(L/h)	气相组成		空气 G_a /(kmol/h)	Δx_m	L'_s /[kmol/(m^3·h)]	K_{xa} /[kmol/(m^3·h)]	备注
		y_1	y_2					
1	750							
2	600							
3	450							
4	300							

表 10-3　解吸实验

水温=　　　　空气流量=　　　　CO_2 流量=　　　　空气进口组成=

No	水 L_s/(L/h)	气相组成		空气 G_a/(kmol / h)	ΔY_m	L_s' /[kmol/(m^2 · h)]	K_{Ya}/[kmol/(m^3 · h)]	备注
		y_1	y_2					
1	200							

表 10-4　联合实验

水温=　　　　空气流量=　　　　CO_2 流量=　　　　空气进口组成=

No	水 L_s/(L/h)	气相组成		空气 G_a /(kmol/h)	Δx_m	L_s' /[kmol/(m^2 · h)]	K_{xa} /[kmol/(m^3 · h)]	备注
		y_1	y_2					
1	200							吸收

No	水 L_s/(L/h)	气相组成		空气 G_a /(kmol/h)	ΔY_m	L_s' /[kmol /(m^3 · h)]	K_{Ya} /[kmol /(m^3 · h)]	备注
		y_1	y_2					
1	200							解吸

七、问题与思考

试举例吸收与解吸在工业方面有哪些应用？

实验 11　流量计标定实验

一、实验目的

（1）了解孔板流量计和文丘里流量计的操作原理和特性，掌握流量计的一般标定方法。

（2）测定孔板流量计的流量系数 C_0 和文丘里流量计的流量系数 C_v 与管内 Re 的关系。

（3）通过 C_0 和 C_v 与管内 Re 的关系，比较两种流量计在不同流量下的使用范围。

二、实验原理

1. 流体在管内 Re 的测定

$$Re = \frac{d \cdot u \cdot \rho}{\mu} = \frac{4q\rho}{\pi d\mu}$$

式中　ρ——流体在测量温度下的密度，kg/m³；

　　　μ——流体在测量温度下的黏度，Pa·s；

　　　d——管内径，$d=50$ mm；

　　　q——管内体积流量，m³/s。

2. 孔板流量计

孔板流量计是利用动能和静压能相互转换的原理设计的，它是以消耗大量机械能为代价的。孔板的开孔越小，通过孔口的平均流速 u_0 越大，孔前后的压差 Δp 也越大，阻力损失也随之增大。其具体工作原理及结构如图 11-1 所示：

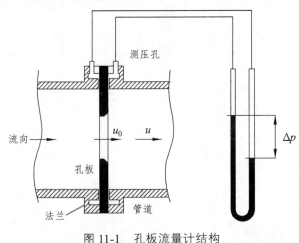

图 11-1　孔板流量计结构

为了减小流体通过孔口后由于突然扩大而引起的大量旋涡能耗，在孔板后开一渐扩形圆角。因此孔板流量计的安装是有方向的。若是方向弄反，不仅能耗增大，同时其流量系数也将改变，此时测得的流量系数已没有实际意义。

其计算式为（具体推导过程见教材）：

$$q = C_0 \cdot A_0 \cdot \sqrt{\frac{2 \cdot \Delta p}{\rho}}$$

式中　q ——流量，m^3 / s；

　　　C_0 ——孔流系数（需由实验标定）；

　　　A_0 ——孔截面面积，m^2，孔径 $d_0 = 31.62\, mm$，$A_0 = 7.852\,7 \times 10^{-4} m^2$；

　　　Δp ——压差，Pa；

　　　ρ ——管内流体密度，kg/m^3。

孔板流量计在使用前，必须知道其孔流系数 C_0（一般由厂家给出），一般是由实验标定得到的。C_0 的大小主要与管道内流体的 Re 及管道与孔板小孔的截面面积比 $m = A_0/A$ 有关，其中取压方式、孔口形状、加工光洁度、孔板厚度、安装等也对其有影响。当后者如取压方式等状况均按规定的标准时，称之为标准孔板。标准孔板的 C_0 只与 Re、m 有关。

3. 文氏流量计（图 11-2）

为了测定流量而引起过多的能耗显然是不合适的，应尽可能设法降低能耗。引起能耗的原因是孔板的突然缩小和突然扩大，特别是后者。因此，若设法将测量管段制成如图 11-2 所示的渐缩和渐扩管，避免了流道的突然缩小和突然扩大，必然大大降低能耗。这种管称为文氏管流量计。

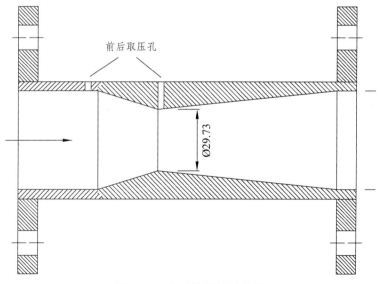

图 11-2　文氏流量计结构图

文氏流量计的工作原理与公式推导过程完全与孔板流量计相同，但是由于在同一流量下，文氏压差小于孔板，因此 C_v 一定大于 C_0。

实验过程中，只要测出对应的流量 q 和压差 ΔP，即可计算出其对应的系数 C_0 和 C_v。

4. 孔板与文氏比较

共同点：

（1）原理及计算公式相同；

（2）$C_0(C_v)$ 随 Re 的变化规律是一致的，即 $C_0(C_v)$ 随 Re 的增大而逐渐趋于稳定，当流量达到一定时，$C_0(C_v)$ 不再随 Re 增大而变化，为一常数。这也是孔板流量计或文氏流量计的适用范围。

不同点：

（1）同一流量下，孔板能耗远高于文氏，这可从差压读数上验证；

（2）孔板测量精度高于文氏；

（3）孔板 C_0 随 Re 变化的稳定段很短，使用下限比文氏管低；

（4）同一 m 值下，$C_v > C_0$。

三、实验装置及流程

1. 装置流程图（图 11-3）

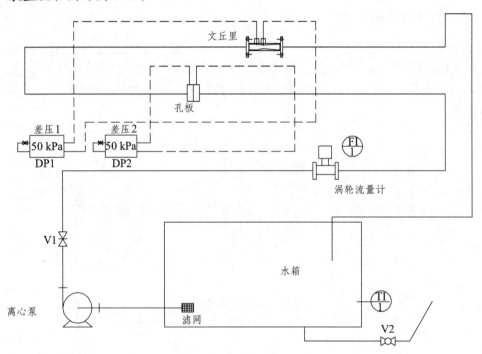

图 11-3　流量计标定实验流程图

阀门：V1—流量调节阀，V2—放净阀；

温度：TI1—循环水温度；

差压：DP1—文丘里差压，DP2—孔板差压；

流量：FI1—循环水流量。

2．流程说明

循环水由水箱进入离心泵入口，经过泵出口至流量调节阀 V_1，经涡轮流量计计量，通过孔板流量计，再通过文丘里流量计，流回水箱。

3．设备仪表参数

离心泵：型号 MS100/0.55，550 W，$H = 14$ m；

水箱：有机玻璃 700 mm×420 mm×380 mm；

涡轮流量计：0.5~8 m³/h；

孔板流量计：标准环隙取压，工作管路内径 = 20 mm，孔径 = 15.49 mm，面积比 $m = 0.6$；

文氏流量计：工作管路内径 = 20 mm，孔径 = 15.49 mm，面积比 $m = 0.6$；

差压传感器：测量范围 0 ~ 50 kPa；

温度传感器：Pt100，航空接头。

四、操作步骤

1．熟　悉

按事先（实验预习时）分工，熟悉流程，清楚各仪表设备的作用。

2．检　查

水箱内灌满清水，检查泵调节阀是否关闭。

3．开　车

启动离心泵（检查三相电及泵是否正常转动），开启仪表电源。

4．排　气

缓缓打开调节阀 V1 到较大值，打开两个差压传感器上的平衡阀，排除管路内气体。当看到引压管路无气泡，可关闭差压传感器上的平衡阀，再关闭管路调节阀 V1。

5．测　量

为了取得满意的实验结果，必须考虑实验点的布置和读数精度。

（1）在每定常流量下，应尽量同步地读取各测量值读数，如实际流量大小及两个压差计的读数。

（2）每次改变流量，应以孔板流量计压差读数按以下规律变化：

0.5、1.0、2.0、5.0、10.0、20、40、最大（kPa）

从以上数据看，压差基本上是成倍增加的，这是因为横坐标用的是对数坐标，这样可使实验点分布均匀。

流量大小以孔板压差计读数为准调节，文氏管压差按实际显示读数。

说明：测量时，显示仪表读数会有波动，此时应学会估读。

6. 停　车

实验完毕，关闭调节阀，停泵即可。

五、注意事项

（1）若泵长时间不用，再次启动时要注意观察泵启动声音，检查泵的转动是否正常、相线的连接及泵的正反转是否正确。防止泵内有异物卡住而烧坏电机，若连续使用可省去此步骤。

（2）因为泵是机械密封，必须在泵有水时使用，若泵内无水空转，易造成机械密封件因升温而损坏进而导致密封不严。因此，严禁泵内无水空转！

（3）在调节流量时，泵出口调节阀应徐徐开启，严禁快开快关。

（4）长期不用时，应将槽内水放净，并用湿软布擦拭水箱，防止水垢等杂物粘在上面。

（5）在实验过程中，严禁异物掉入循环水槽内，以免被泵吸入泵体，影响实验。

六、数据记录及计算

（1）记录实际流量和孔板流量计与文氏流量计压差读数，计算出对应 C_0 与 C_v。

（2）用半对数坐标标出 C_0 与 C_v 与 Re 的关系曲线。比较：

① 根据同一流量下压差大小，对比能耗大小；

② 根据同一流量下 C_0、C_v 的大小，说明测量精度；

③ 由不同流量下 C_0、C_v 的变化规律，说明两种流量计的适用范围。

七、问题与思考

（1）孔板流量计和文丘里流量计的操作原理和特性是什么？流量计的一般标定方法有哪些？

（2）孔板流量计的流量系数 C_0 和文丘里流量计的流量系数 C_v 与管内 Re 的关系怎样？

（3）两种流量计在不同流量下的使用范围各是什么？

实验 12　离心泵综合性能测定实验

一、实验目的

（1）了解离心泵的操作及有关仪表的使用方法。
（2）测定单台离心泵在固定转速下的操作特性，做出特性曲线。
（3）测定比较两台相同离心泵在串并联时的 H-q 特性曲线。

二、实验原理

1. 单台离心泵性能曲线测定

离心泵的特性曲线取决于泵的结构、尺寸和转速。对于一定的离心泵，在一定的转速下，泵的扬程 H 与流量 q 之间存在一定的关系。此外，离心泵的轴功率和效率亦随泵的流量而改变。因此 H-q，P-q 和 η-q 三条关系曲线反映了离心泵的特性，称为离心泵的特性曲线。由于离心泵内部作用的复杂性，其特性曲线必须用实验方法测定。

本实验只需测定离心泵 A 的特性曲线。

（1）流量 q 测定：

本实验采用涡轮流量计直接测量 $q'(\mathrm{m^3/h})$，$q = q'/3\ 600\ (\mathrm{m^3/s})$。

（2）扬程的计算：可在泵的进出口两测压点之间列伯努利方程求得。

$$H(\mathrm{m}\text{液柱}) = \frac{p_2' - p_1'}{\rho \cdot g} \times 10^6 = \frac{\Delta p}{\rho \cdot g} \times 10^6$$

式中　Δp——泵进出口差压读数，MPa；

ρ——流体（水）在操作温度下的密度，kg/m³。

（3）电功率 $P_{电}$。

电动机的功率，用三相功率表直接测定（kW）。

（4）泵的总效率：

$$\eta = \frac{\text{泵有效功率（泵输出的净功率）}}{\text{电机功率}} = \frac{q \cdot H \cdot \rho \cdot g}{P_{电}} \times 100\%$$

（5）转速效核。

应将以上所测参数校正为额定转速 2 900 r/min 下的数据来做特性曲线图。

$$\frac{q'}{q} = \frac{n'}{n}, \quad \frac{H'}{H} = \left(\frac{n'}{n}\right)^2, \quad \frac{P'}{P} = \left(\frac{n'}{n}\right)^3$$

式中　n'——额定转速，2 900 r/min；

　　　n——实际转速，r/min。

2. 离心泵的串并联操作特性曲线

完全相同的两台离心泵，可进行串并联操作，在串并联操作时，由于泵本身的误差，不可能保证在完全相同的转速和功率下进行，因此，测定转速和功率已失去意义。在此，可认为在相同转速和功率下进行，因此，只测定扬程和流量的关系即可。

计算方法完全与单台泵同。注意操作好管路的串并联即可。

三、实验装置及流程

1. 流程图（图 12-1）

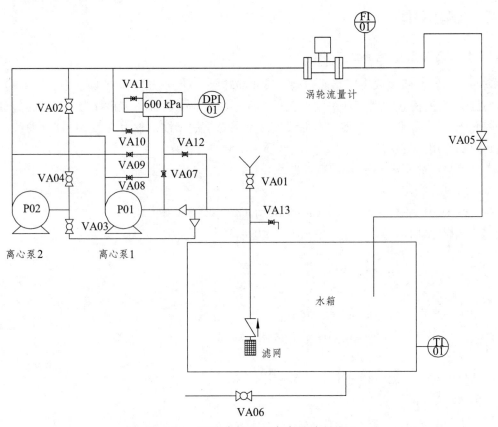

图 12-1　泵综合性能测定实验流程图

阀门：VA01—灌泵阀，VA02—出口并联阀，VA03—入口并联阀，VA04—串联阀，VA05—流量调节阀，VA06—水箱放净阀，VA13—泵放净阀；

温度：TI01—循环水温度；

差压：DPI—泵进出口差压；

流量：FI01—循环水流量。

2. 流程说明

单台离心泵 1 工作：循环水由水箱经单向阀进入离心泵 1 入口，泵出至阀门 VA02，经涡轮流量计计量，通过流量调节阀 VA05 流回水箱。

泵 12 串联工作：循环水由水箱经单向阀进入离心泵 1 入口，泵出流经阀门 VA04，进入离心泵 2 入口，由离心泵出口流经涡轮流量计，通过流量调节阀 VA05 流回水箱。

泵 12 并联工作：循环水由水箱经单向阀进入离心泵 1 入口，泵出至阀门 VA02，同时经阀门 VA03 进入离心泵 2 入口，泵出与离心泵 1 出口汇合，流经涡轮流量计，通过流量调节阀 VA05 流回水箱。

3. 设备仪表参数

离心泵：型号 MS100/0.55，550 W，$H = 14$ m；
水箱：700 mm×420 mm×380 mm（长×宽×高）；
涡轮流量计：0.8 ~ 15 m³/h；
差压传感器：测量范围 0 ~ 600 kPa；
温度传感器：Pt100，航空接头。

四、操作步骤

1. 单台泵 1 的操作

（1）连接差压传感器，打开引压管连接阀 VA07、VA08。

（2）单台泵 1 的管路，开启管路阀 VA02，阀 VA03、VA04 关闭。

（3）灌泵，打开阀 VA01、VA05 灌泵，灌泵完成后关闭 VA01、VA05。

（4）启动泵 1 排气，泵 1 启动后，开大出口调节阀 VA05，打开差压传感器上的平衡阀 VA11 排气，约 20 s 后关闭 VA05、VA11。

（5）记录测量数据。为方便测量，建议流量变化进行记录数据：0、2、4、6……最大（m³/h）。在每个流量下，记录所有数据：流量 q、差压 Δp、功率 N、转速 n 等数据。

（6）停车。测量完毕，关闭调节阀 VA05，开差压传感器平衡阀 VA11，停泵，关闭引压管连接阀 VA07、VA08。

2. 泵 1、2 的串联操作

（1）连接差压传感器，打开引压管连接阀 VA07、VA09。

（2）泵 1、2 串联的管路，开启阀 VA04，关闭阀 VA02、VA03。

（3）灌泵，打开阀 VA01、VA05 灌泵，灌泵完成后关闭 VA05。

（4）启动泵 1、2 排气，泵 1、2 启动后，开大出口调节阀 VA05，打开差压传感器上的平衡阀 VA11 排气，约 20 s 后关闭 VA05、VA11。

（5）测量记录数据，缓慢开启 VA05，调节流量，为方便测量，建议流量变化进行记录数据：0、2、4、6……最大（m³/h）。

在每个流量下，记录所有数据：流量 q、差压 Δp 数据。

（6）停车。测量完毕，关闭调节阀 VA05，开差压传感器平衡阀 VA11，停泵，关闭引压管连接阀 VA07、VA10。

3. 泵 1、2 的并联操作

（1）连接差压传感器。打开引压管连接阀 VA10、VA12。

（2）泵 1、2 并联的管路。关闭阀 VA04，开启阀 VA02、VA03。

（3）灌泵。打开阀 VA01、VA05 灌泵，灌泵完成后关闭 VA05。

（4）启动泵 1、2 排气，泵 1、2 启动后，开大出口调节阀 VA05，打开差压传感器上的平衡阀 VA11 排气，约 20 s 后关闭 VA05、VA11。

（5）记录测量数据，为方便测量，建议流量变化进行记录数据：0、2、4、6……最大（m³/h）。在每个流量下，记录所有数据：流量 q、差压 Δp 数据。

（6）停车。测量完毕，关闭调节阀 VA05，开差压传感器平衡阀 VA11，停泵，关闭引压管连接阀 VA10、VA12。

五、注意事项

（1）因为泵是机械密封，必须在泵充满水时使用，若泵内无水空转，易造成机械密封件升温而损坏进而导致密封不严。因此，严禁泵内无水空转！

（2）在启动泵前，应检查三相动力电是否正常，若缺相，极易烧坏电机；为保证安全，实验前要检查接地是否正常；准备好上面工作后，在泵内有水情况下检查泵的转动方向，若反转则流量达不到要求。

（3）操作前，必须将水箱内异物清理干净，需先用抹布擦干净，再往水箱内放水，启动泵让水循环流动冲刷管道一段时间，然后将水箱水放净再注入水以准备实验。

（4）在实验过程中，严禁异物掉入循环水槽内，以免被泵吸入泵内损坏泵，影响实验。

（5）严禁打开电柜，以免发生触电。

（6）长期不用时，应将槽内水放干净，并用湿软布擦拭水箱，防止水垢等杂物粘在上面。

六、数据记录及计算

填入表 12-1。

表 12-1　离心泵性能曲线测定

实验序号	q	Δp	$P_电$	η	H
1					
2					
3					
4					
5					

七、问题与思考

（1）什么是离心泵的汽蚀和气缚现象？

（2）离心泵串联和并联操作各有什么特点？

（3）试举例离心泵串联和并联在工业方面的运用。

实验 13　非均相分离实验

一、实验目的

（1）了解星形进料器、重力降尘室、惯性除尘室、旋风分离器及袋滤器的结构和工作原理。

（2）观察气固两相在降尘室、除尘室、旋风分离器、袋滤器中的分离情况（颗粒大小、除尘效率）。

（3）观察不同风速下物料分离情况及旋风分离器的压降变化情况。

（4）了解孔板流量计的结构及工作原理。

二、实验原理

对于气态非均相物系，由于其连续相（气体）和分散相（尘粒）具有不同的物理性质（如密度、黏度等），且性质相差巨大，因此一般可用机械分离方法将它们分离。要实现这种分离，必须使分散相和连续相之间发生相对运动，因此，机械分离操作遵循流体力学的基本规律。根据两相运动方式的不同，机械分离分为沉降和过滤两种方式。

根据作用力不同，沉降又分为重力沉降、离心沉降、惯性沉降、惯性离心力沉降等，不同的方法对应不同的操作设备。本实验装置的降尘室属于重力沉降，除尘室属于惯性力沉降，旋风分离器属于离心力沉降。

根据推动力不同，过滤分离又分为重力过滤、压差力过滤、离心力过滤等方法，对于气固相一般用压差力过滤。压差力过滤又有正压过滤和负压抽滤两种，本实验采用负压抽滤方法，采用工业上最常用的反吹式袋滤器设备。

三、装置介绍

1. 流程图（图 13-1）

在装置系统中，依次分布有原料仓、星形进料器、降尘室、除尘室、旋风分离器、袋滤器、孔板流量计、风量调节阀、风机等设施。当气流带走原料仓里的固体尘粒，首先在经过降尘室和除尘室时，大颗粒尘粒沉降在其灰斗中。在经过旋风分离器时，绝大部分固体尘粒沉降在其灰斗中。进袋滤器时，基本上观察不到尘粒了。

2. 设备仪表参数

锥形料仓：有机玻璃，$\phi 80 \times 5 \times 85$；

星形进料器：有机玻璃，$\phi 50 \times 5 \times 29$，8 叶片；

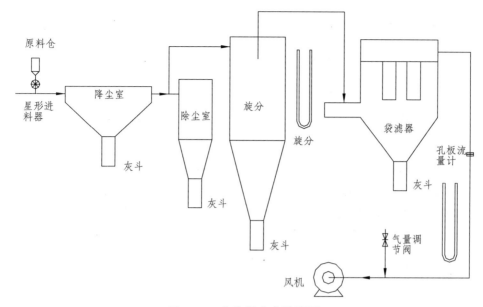

图 13-1　非均相分离流程图

降尘室：有机玻璃，200 mm×150 mm×50 mm，灰斗 φ50×5×120；

除尘室：有机玻璃，φ100×5×250，灰斗 φ50×5×120；

旋风分离器：有机玻璃，φ150×5×500，灰斗 φ50×5×120；

袋滤器：有机玻璃，矩形室 100×100×210，漏斗 100×100×100，灰斗 φ50×5×120；

连接管：有机玻璃圆管，φ50×4，有机玻璃方管 40×70；

孔板流量计：标准孔板，环隙取压，$m = (26.56/42)^2 = 0.4$，$C_0 = 0.66$；

风机：旋涡气泵，1 100 W，14 kPa，72 m³/h。

降尘室和除尘室结构简单，流体阻力小，但相对体积大，分离效率低，通常只适用于分离粒度大于 50 μm 的粗颗粒，一般作为预除尘使用。旋风分离器结构简单，造价低廉，没有活动部件，操作范围广，分离效率高，一般可除去 5 μm 以上的尘粒，但不适合处理含有大量或大直径颗粒的体系，一般在此前需要惯性分离器或降尘室预处理。袋滤器可根据选用过滤介质（滤布或滤网）的目数决定可过滤的尘粒大小，一般作为最后一道分离工序，当然，在要求比较高的情况下，后边还需要像电除尘之类的设施。

本实验消耗和自备设施：电、绿豆、大米、小米、玉米丝。

四、操作步骤

（1）检查风量调节阀是否全开。

（2）启动风机：检查风机的正反转，缓缓关闭风量调节阀。

（3）在原料仓中加入一定量的绿豆、黄豆、大米、小米、玉米丝等不同粒径的固体混合物，转动星形进料器（有时可能被卡，可正反旋转），观察沉降室、旋风分离器、袋滤器内的情况。

（4）调节不同风量，观察不同分离器内的分离情况。

（5）观察不同风量下旋风分离器的压降情况。

（6）按一定原料比例进行分离后，拆卸下四个灰斗，分别倒出尘粒，观察尘粒大小并记录重量[①]，分别计算出降尘室、除尘室、旋风分离器的分离效率。

（7）最后，全开风量调节阀，关闭风机。

五、注意事项

（1）启动风机前检查三相动力电是否正常。另外若风机长时间未用，在启动前需检查风机启动声音和转动方向是否正常。为保证安全，实验前检查接地是否正常。

（2）小米和玉米丝受潮时会影响效果，需烘干处理。最好不要用其他尘粒代替，因为当尘粒较大较硬时容易磨损有机玻璃，特别是有些极细小尘粒易吸附到壁上不易清洗。

（3）因为风机是气泵，调节风量时应缓缓开启放空阀。

（4）若降尘室、旋风分离器有异物粘壁，可拆下灰斗用水清洗，袋滤器内滤网若吹不净可拆下清洗。

（5）操作时，严禁用手堵进风口，严禁放入其他杂物。

六、数据记录及计算

填入表 13-1。

表 13-1 非均相分离实验结果

风量	原料比例	进料器			沉降室			旋风分离器			袋滤器			旋风分离器的压降/Pa
		大小	质量	效率	大小	质量	效率	大小	质量	效率	大小	质量	效率	

七、问题与思考

（1）星形进料器、重力降尘室、惯性除尘室、旋风分离器及袋滤器的结构和工作原理分别是什么？

（2）阐述孔板流量计的结构及工作原理。

（3）试举例非均相分离在工业方面的运用。

[①] 实为质量，包括后文的称重、绝干重等。但我国现阶段在化工行业的生产和科研实践中一直沿用，为使学生了解、熟悉行业实际，本书予以保留。——编者注

实验 14 冷模塔演示实验

一、实验目的

（1）了解不同类型塔板的结构及流体力学性能，包括气体通过塔板的阻力、板上鼓泡情况、漏夜情况、雾沫夹带及液泛情况等。

（2）了解风量和水量改变时，各塔板操作性能的变化规律。

（3）在相同的操作条件（风量、水量）下比较各塔板的操作性能。

二、实验原理

冷态模型试验是指在没有化学反应的条件下，利用水、空气等廉价的模拟物料进行试验，以探明反应器传递过程的规律。应用数学模型方法进行反应过程的开发时，其出发点是将反应器内进行的过程分解为化学反应和传递过程，并且认为在反应器放大过程中，化学反应的规律不会因设备尺寸而变化，设备尺寸主要影响流体流动、传热和传质等传递过程的规律。因此，用小型装置测得化学反应规律后，在大型装置中只需考察传递过程的规律，而不需进行化学反应。这样可使试验大为简化，大大节省试验时间和费用。

1. 结构了解

（1）观察每块板的结构；

（2）舌形板与其他板比较在气液接触方向和接触方式的差别；

（3）了解塔底排水水封；

（4）了解如何测定每块板的压降。

2. 正常操作下的现象观察与比较

（1）观察舌形板的操作特点、喷射三角区状况及降液管内气泡夹带情况；

（2）观察各板的气液接触区和分离空间及在分离区的液滴夹带情况；

（3）观察分析筛板、泡罩板、浮阀板的气液接触情况；

（4）判断板效率情况；

（5）结合各板的结构特点及板效率，评价各板；

（6）观察各板压降情况。

3. 非正常操作下的现象观察

（1）气量过小引起的漏液情况；

（2）液量过大引起的降液管液泛现象；

（3）气量过大引起的雾沫夹带现象。

三、实验装置及流程

1. 装置流程图（图 14-1）

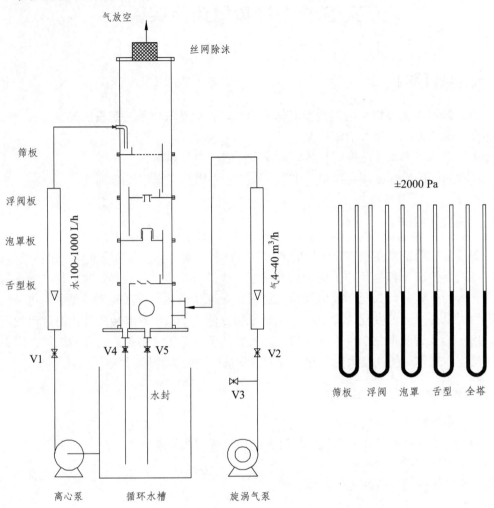

图 14-1　冷模塔演示实验流程图

阀门：V1—水流量调节隔膜阀，V2—空气流量调节闸阀，V3—放空闸阀，
V4—塔底放净球阀，V5—塔底液封球阀

　　来自风机的空气经转子流量计，由塔底入塔。经过各塔板，最后经塔顶金属网除雾器后放空。泵将水打入转子流量计后送入塔顶，与空气逆向接触后，流入塔底的循环水槽（同时起水封作用）循环使用。

2. 设备仪表参数

水泵：离心泵功率 370 W，水流量计 10~1 000 L/h；

气泵：旋涡气泵 750 W，气流量 4~40 m³/h；

冷模塔主体由优质有机玻璃 ϕ150×5 制作，内装有四块不同类型的筛板、泡罩、浮阀和舌形板塔板，塔板间距为 150 mm，各塔板均设有弓形降液管；

筛孔板：板上有 67 个 $\phi 4$ 直孔，呈等腰三角形排列，开孔率 5.5%；

泡罩塔板：板上安装 $\phi 50 \times 3$ 泡罩两个，泡罩开有 15×3 气缝 30 条，板上开有泪孔，以便在停车时能将塔板上积存的液体排净；

浮阀塔板：装有 2 个标准 F 型不锈钢浮阀。升气孔为 $\phi 39$，阀重 33 g，浮阀的最小开度为 2.5 mm，最大开度为 8.5 mm；

舌形板：板上有五个舌形开孔，喷出角为 20°，气液流向一致可减少液面落差，避免板上液体"返混"，舌形板不设溢流堰。

各板均有引压管，用以测定各单板和全塔压降。

四、操作步骤

（1）检查水流量调节阀 V1 是否全关。开启离心泵，逐渐调节水流量到一定值。

（2）检查放空阀 V3 是否全开，空气流量调节阀 V2 是否全关。开启风机，逐渐开大 V2，调节空气流量（流量无法增大时，可关小 V3）。

（3）观察正常操作时的情况。

（4）关闭水量或气量到偏小，观察各板情况。

（5）开大水量或气量到偏大，观察各板情况。

（6）实验完毕，开大回流水阀，关泵；开大放空阀，停风机。

五、注意事项

（1）因为泵是机械密封，必须在泵充满水时使用，若泵内无水空转，易造成机械密封件升温损坏而导致密封不严，需专业厂家更换机械密封。因此，严禁泵内无水空转！

（2）在启动风机前，应检查三相动力电是否正常，若缺相，极易烧坏电机；另外还要检查风机转动方向，若反转则无风，应在断电和电工指导下调换火线。

六、数据记录及计算

填入表 14-1。

表 14-1　水量或气量对各板的影响

流体种类	板 1	板 2	板 3	板 4	板 5	板 6	板 7	板 8
水量/（L/h）								
气量/（m³/h）								

七、问题与思考

（1）舌形板与其他板比较在气液接触方向和接触方式上有哪些差别？

（2）气量过小引起的漏液有哪些情况？为什么？

（3）冷模塔演示实验在工业上有什么作用？

实验 15　恒压过滤实验

一、实验目的

（1）了解板框过滤机的构造和操作方法；学习定值调压阀、安全阀的使用。

（2）学习过滤方程式中恒压过滤常数的测定方法。

（3）测定洗涤速率与最终过滤速率的关系。

（4）了解操作条件（压力）对过滤速度的影响，并测定出比阻。

二、实验原理

1. 恒压过滤方程

$$(V+V_e)^2 = KA^2(\tau+\tau_0) \tag{15-1}$$

式中　　V——滤液体积，m^3；

V_e——过滤介质的当量滤液体积，m^3；

K——过滤常数，m^2/s；

A——过滤面积，m^2；

τ——相当于得到滤液 V 所需的过滤时间，s；

τ_0——相当于得到滤液 V_0 所需的过滤时间，s。

上式也可以写为

$$(q+q_e)^2 = K(\tau+\tau_0) \tag{15-2}$$

式中　　q——单位过滤面积的滤液量，$q = V/A$，m；

q_e——单位过滤面积的虚拟液量，$q_e = V_e/A$，m。

2. 过滤常数 K、q_e、τ_0 测定法

将式（15-2）对 Q 求导数，得

$$\frac{\mathrm{d}\tau}{\mathrm{d}q} = \frac{2}{K}q + \frac{2}{K}q_e \tag{15-3}$$

这是一个直线方程式，以 $\mathrm{d}\tau/\mathrm{d}q$ 对 q 在普通坐标纸上标绘必得一直线，它的斜率为 $2/K$，截距为 $2q_e/K$，但是 $\mathrm{d}\tau/\mathrm{d}q$ 难以测定，故实验时可用 $\Delta\tau/\Delta q$ 代替 $\mathrm{d}\tau/\mathrm{d}q$，即

$$\frac{\Delta\tau}{\Delta q} = \frac{2}{K}q + \frac{2}{K}q_e \tag{15-4}$$

因此，只需在某一恒压下进行过滤，测取一系列的 q 和 $\Delta\tau$、Δq 值，然后在笛卡儿坐标上

以 $\Delta\tau/\Delta q$ 为纵坐标，以 q 为横坐标作图（由于 $\Delta\tau/\Delta q$ 的值是对 Δq 来说的，因此图上 q 的值应取其此区间的平均值），即可得到一直线，这条直线的斜率为 $2/K$，截距即为 $2q_e/K$，由此可求出 K 及 q_e，再以 $q=0$，$\tau=0$ 带入式（15-2）即可求得 τ_e。

3. 洗涤速率与最终过滤速率关系的测定

洗涤速率的计算：

$$\left(\frac{dv}{d\tau}\right)_{洗} = \frac{V_w}{\tau_w} \tag{15-5}$$

式中　V_w——洗液量，m^3；

　　　τ_w——洗涤时间，s。

最终过滤速率的计算：

$$\left(\frac{dv}{d\tau}\right)_{终} = \frac{KA^2}{2(V+V_e)} = \frac{KA}{2(q+q_e)} \tag{15-6}$$

在一定压强下，洗涤速率是恒定不变的。它可以在水量流出正常后开始计量，计量多少也可根据需要决定，因此它的测定比较容易。至于最终过滤速率的测定则比较困难。因为它是一个变数，过滤操作要进行到滤框全部被滤渣充满。此时的过滤速率才是最终过滤速率。它可以从滤液量显著减少来估计。此时滤液出口处的液流由满管口变成线状流下。也可以利用作图法来确定，一般情况下，最后的 $\Delta\tau/\Delta q$ 对 q 在图上标绘的点会偏高，可在图中直线的延长线上取点，作为过滤终了阶段来计算最终过滤速率。至于在本板框式过滤机中洗涤速率是否是最终过滤速率的 1/4，可根据实验设备和实验情况，自行分析。

4. 滤浆浓度的测定

如果固体粉末的颗粒比较均匀的话，滤浆浓度和它的密度有一定的关系，因此可以量取 100 mL 的滤浆，称出质量，然后从浓度-密度关系曲线中查出滤浆浓度。此外，也可以利用测量过滤中的干滤饼及同时得到的滤液量来计算。干滤饼要用烘干的办法来取得。如果滤浆没有泡沫，也可以用测密度的方法来确定浓度。

本实验是根据配料时加入水和干物料的质量来计算其实际浓度的：

$$w = \frac{w_{物料}}{w_{水} + w_{物料}} = \frac{1.5}{21+1.5} = 6.67\%$$

则单位体积悬浮液中所含固体体积 ϕ：

$$\phi = \frac{w/\rho_P}{w/\rho_P + (1-w)/\rho_{水}}$$

5. 比阻 r 与压缩指数的求取

因过滤常数 $K = \dfrac{2\Delta p}{r\mu\phi}$ 与过滤压力有关，表面上看只有在实验条件与工业生产条件相同时才可直接使用实验测定的结果。实际上这一限制并非必要，如果能在几个不同的压差下重复过滤实验（注意，应保持在同一物料浓度、过滤温度条件下），从而求出比阻 r 与压差 Δp 之间的关系，则实验数据将具有更广泛的使用价值。

$$r = \frac{2\Delta p}{\mu \phi K}$$

式中　μ——实验条件下水的黏度，Pa·s；

$\quad\quad\phi$——实验条件下物料的体积含量；

$\quad\quad K$——不同压差下的过滤常数，m^2/s；

$\quad\quad\Delta p$——过滤压差，Pa。

根据不同压差下求出的过滤常数计算出对应的比阻 r，对不同压差 Δp 与比阻 r 回归，求出其间关系：

$$r = a \cdot \Delta p^b \quad\quad 即\ r = r_0 \cdot \Delta p^s$$

式中　s——压缩指数，对不可压缩滤饼，$s = 0$；对可压缩滤饼，s 为 $0.2 \sim 0.8$。

三、实验装置及流程

1. 流程图（图 15-1）

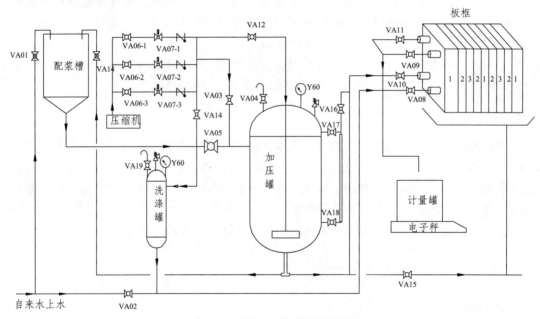

图 15-1　恒压过滤实验流程图

阀门：VA01—配浆槽上水阀，VA02—洗涤罐加水阀，VA03—气动搅拌阀，VA04—加压罐放空阀，VA05—加压罐进料阀，VA06-1—0.1 MPa 进气阀，VA06-2—0.15 MPa 进气阀，VA06-3—0.2 MPa 进气阀，VA07-1—0.1 MPa 稳压阀，VA07-2—0.15 MPa 稳压阀，VA07-3—0.2 MPa 稳压阀，VA08—洗涤水进口阀，VA09—滤液出口阀，VA10—料液进口阀，VA11—洗涤水出口阀，VA12—加压罐进气阀，VA13—洗涤罐进气阀，VA14—加压罐残液回流阀，VA15—放净阀，VA16—液位计洗水阀，VA17—液位计上口阀，VA18—液位计下口阀。

2. 流程说明

料液：料液由配浆槽经加压罐进料阀 VA05 进入加压罐，自加压罐部，经料液进口阀 VA10 进入板框过滤机滤框内，通过滤布过滤后，滤液汇集至引流板，经滤液出口阀 VA09、洗涤水出口阀 V11 流入计量槽；加压罐内残余料液可经加压罐残液回流阀 VA14 返回配浆槽。

气路：带压空气由压缩机输出，经进气阀、稳压阀、加压罐进气阀 VA12 进入加压罐内；或者经气动搅拌阀 VA03 进入配浆槽，洗涤罐进气阀 VA13 进入洗涤罐。

3. 设备仪表参数

物料加压罐：罐尺寸 $\phi 325\,mm \times 370\,mm$，总容积为 38 L，液面不超过进液口位置，有效容积约 21 L。

配浆槽：尺寸为 $\phi 325\,mm$，直筒高 370 mm，锥高 150 mm，锥容积 4 L。

洗水罐：$\phi 159\,mm \times 300\,mm$，容积为 6 L。

板框过滤机：1# 滤板（非过滤板）1 块；3# 滤板（洗涤板）2 块；2# 滤框 4 块，以及两端的 2 个压紧挡板，作用同 1# 滤板，因此也为 1# 滤板。

过滤面积 $A = \dfrac{\pi \cdot 0.125^2}{4} \times 2 \times 4 = 0.098\,18\,(m^2)$

滤框厚度 = 12 mm

4 个滤框总容积 $V = \dfrac{\pi \cdot 0.125^2}{4} \times 0.012 \times 4 = 0.589\,(L)$

电子秤：量程 0 ~ 15 kg，显示精度 1 g。

压力表：0 ~ 0.25 MPa。

四、操作步骤

准备一：板框过滤机的滤布安装。按板、框的号数 1—2—3—2—1—2—3—2—1 的顺序排列过滤机的板与框（顺序、方位不能错）。把滤布用水湿透，再将湿滤布覆在滤框的两侧（滤布孔与框的孔一致）。然后用压紧螺杆压紧板和框，过滤机固定头的 4 个阀均处于关闭状态。

准备二：加水。若使物料加压罐中有 21 L 物料，直筒内容积应为 17 L，直筒内液体高为 210 mm，因此，直筒内液面到上沿高应为 370 mm - 210 mm = 160 mm。

在洗涤罐内加水约 3/4，为洗涤做准备。

准备三：配原料滤浆。为了配制质量分数 5%~7% 的轻质 $MgCO_3$ 溶液，按 21 L 水约 21 kg 计算，应加 $MgCO_3$ 约 1.5 kg。将轻质碳酸镁固体粉末约 1.5 kg 倒入配浆槽内，加盖。启动压缩机，开启 VA03、VA06-1（稳压阀压力 0.1 MPa，逐渐开启配浆槽内的气动搅拌阀 V3，气动搅拌使液相混合均匀。关闭 VA03、VA06-1、VA07-1，将物料加压罐的放空阀 VA04 打开，开 VA05 将配浆槽内配制好的滤浆放进物料加压罐，完成放料后关闭 VA04 和 VA05。

准备四：物料加压。开启 VA12。先确定在什么压力下进行过滤，本实验装置可进行三个固定压力下的过滤，分别由三个定值调压阀并联控制，从上到下分别是 0.1，0.15，0.2 MPa。以实验 0.1 MPa 为例，开启定值调压阀前、后的 VA06-1、VA07-1，使压缩空气进入加压罐下部的气动搅拌盘，气体鼓泡搅动使加压罐内的物料保持浓度均匀，同时将密封的加压罐内的料液加压，当物料加压罐内的压力维持在 0.1 MPa 时，准备过滤。

1. 过　滤

开启上边的两个滤液出口阀，全开下方的滤浆进入球阀，滤浆便被压缩空气的压力送入板框过滤机过滤。滤液流入计量槽，测取一定质量的滤液量所需要的时间（本实验建议每升高 600 g 读取时间数据）。待滤渣充满全部滤框后（此时滤液流量很小，但仍呈线状流出）。关闭滤浆进入阀，停止过滤。

2. 洗　涤

物料洗涤时，关闭加压罐进气阀，打开连接洗水罐的压缩空气进气阀，压缩空气进入洗涤罐，维持洗涤压强与过滤压强一致。关闭过滤机固定头右上方的滤液出口阀，开启左下方的洗水进入阀，洗水经过滤渣层后流入称量筒，测取有关数据。

3. 卸　料

洗涤完毕后，关闭进水阀，旋开压紧螺杆，卸出滤渣，清洗滤布，整理板框。板框及滤布重新安装后，进行另一个压力操作。

4. 过　滤

由于加压罐内有足够的同样浓度的料液，可调节过滤压力进行过滤操作，测出该压力下的过滤数据。完毕后卸料，再清洗安装，可测第三个压力下的过滤数据。

结束一：全部过滤洗涤结束后，关闭洗涤进气阀，打开物料压力罐进气阀，盖住配浆槽盖，打开放料阀 VA14，用压缩空气将加压罐内的剩余悬浮液送回配浆槽内贮存，关闭物料进气阀。

结束二：清洗加压罐及其液位计。打开加压罐放空阀，使加压罐保持常压。关闭加压罐液位计上部阀 VA17，打开高压清水阀 VA16，让清水洗涤加压罐液位计，以免剩余悬浮液沉淀，堵塞液位计、管道和阀门等。

结束三：关闭洗水罐进气阀，停压缩机。

五、注意事项

（1）实验完成后应将装置清洗干净，防止堵塞管道。

（2）长期不用时，应将槽内水放净。

六、数据记录及计算

（1）作出一定条件下 $\Delta\tau/\Delta q$ 与 q 的关系线，从图中得到其斜率和截距，计算出过滤常数 K（填入表 15-1）和虚拟滤液流量 q_e。

（2）分析不同条件（压力、温度、浓度）等可能带来的影响（本实验建议只作压力影响）；在条件许可情况下应做正交实验。

表 15-1　一定条件下过滤常数测定

液温：　　　　　　　　压力：　　　　　　　　滤浆浓度：

No	m/g	$\Delta m/g$	$\Delta\tau/s$	$\Delta v/L$	$\Delta q/(m^3/m^2)$	$q/(m^3/m^2)$	$\Delta\tau/\Delta q/(s/m^2)$	备注
0								
1								
2								
3								
4								
5								
6								
7								
8								

七、问题与思考

（1）操作压力对过滤速度有何影响？为什么？

（2）恒压过滤在工业方面有哪些应用？

实验 16 综合流体力学实验

一、实验目的

（1）了解实验所用到的实验设备、流程、仪器仪表。

（2）了解并掌握流体流经直管阻力系数 λ 的测定方法及变化规律，并将 λ 与 Re 的关系标绘在双对数坐标上。

（3）了解不同管径的直管 λ 与 Re 的关系。

（4）了解突缩管的局部阻力系数 ζ，阀门的局部阻力系数 ζ 与 Re 的关系。

（5）测定孔板流量计、文丘里流量计的流量系数。

（6）测定单级离心泵在一定转速下的操作特性，作出特性曲线。

（7）测定单级离心泵出口阀开度一定时管路性能曲线。

（8）了解差压传感器、涡轮流量计的原理及应用方法。

二、实验原理

1. 管内流量及 Re 的测定

本实验采用涡轮流量计直接测出流量 $q(\mathrm{m^3/h})$：

$$u\ (\mathrm{m/s}) = 4q / (3\,600\pi \cdot d^2) \tag{16-1}$$

$$Re = \frac{d \cdot u \cdot \rho}{\mu} \tag{16-2}$$

式中　d——管内径，m；

　　　ρ——流体在测量温度下的密度，$\mathrm{kg/m^3}$；

　　　μ——流体在测量温度下的黏度，$\mathrm{Pa \cdot s}$。

2. 直管摩擦阻力损失 Δp_f 及摩擦阻力系数 λ 的测定

流体在管路中流动，由于黏性剪应力的存在，不可避免地会产生机械能损耗。根据范宁（Fanning）公式，流体在圆形直管内做定常稳定流动时的摩擦阻力损失为

$$\Delta p_\mathrm{f}(\mathrm{Pa}) = \lambda \frac{l}{d} \frac{\rho \cdot u^2}{2} \tag{16-3}$$

式中　l——沿直管两测压点间的距离，m；

λ——直管摩擦系数，无因次。

由上可知，只要测得 Δp_f 即可求出直管摩擦系数 λ。根据伯努利方程知：当两测压点处管径一样，且保证两测压点处速度分布正常时，两点差压 Δp 即为流体流经两测压点处的直管阻力损失 Δp_f。

$$\lambda = \frac{2 \cdot \Delta p \cdot d}{\rho \cdot u^2 \cdot l} \qquad (16\text{-}4)$$

式中　Δp——差压传感器读数，Pa。

以上对阻力损失 Δp、阻力系数 λ 的测定方法适用于粗管、细管的直管段。

根据哈根-泊谡叶（Hagon-Poiseuille）公式，流体在圆形直管内作层流流动时的摩擦阻力损失为

$$\Delta p_f = \frac{32\mu l u}{d^2} \qquad (16\text{-}5)$$

式（16-5）与范宁公式相比可得

$$\lambda = \frac{64\mu}{du\rho} = \frac{64}{Re} \qquad (16\text{-}6)$$

3. 局部阻力损失 $\Delta p_f'$ 及其阻力系数 ζ 的测定

流体流经阀门、突缩时，由于速度的大小和方向发生变化，流动受到阻碍和干扰，出现涡流而引起的局部阻力损失为

$$\Delta p_f' = \zeta \frac{\rho u^2}{2} \qquad (16\text{-}7)$$

式中　ζ——局部阻力系数，无因次。

对于测定局部管件的阻力，其方法是在管件前后的稳定段内分别有两个测压点。按流向顺序分别为 1、2、3、4 点，在 1—4 点和 2—3 点分别连接两个差压传感器，分别测出压差为 Δp_{14}、Δp_{23}。

2—3 点总能耗可分为直管段阻力损失 Δp_{f23} 和阀门局部阻力损失 $\Delta p_f'$，即

$$\Delta p_{23} = \Delta p_{f23} + \Delta p_f' \qquad (16\text{-}8)$$

1—4 点总能耗可分为直管段阻力损失 Δp_{F23} 和阀门局部阻力损失 $\Delta p_F'$，1—2 点距离和 2 点至管件距离相等，3—4 点距离和 3 点至管件距离相等，因此

$$\Delta p_{14} = \Delta p_{f14} + \Delta p_f' = 2\Delta p_{f23} - \Delta p_f' \qquad (16\text{-}9)$$

式（16-8）和式（16-9）联立解得

$$\Delta p_{\mathrm{f}}' = 2\Delta p_{23} - \Delta p_{14}$$

则局部阻力系数为

$$\zeta = \frac{2 \cdot (2\Delta p_{23} - \Delta p_{14})}{\rho \cdot u^2}$$

4. 孔板流量计的标定

孔板流量计是利用动能和静压能相互转换的原理设计的，它是以消耗大量机械能为代价的。孔板的开孔越小、通过孔口的平均流速 u_0 越大，孔前后的压差 Δp 也越大，阻力损失也随之增大。其具体工作原理结构如图 16-1 所示。

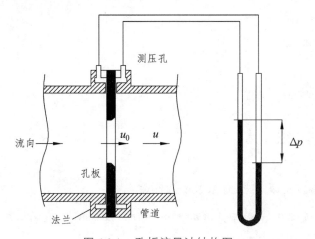

图 16-1　孔板流量计结构图

为了减小流体通过孔口后由于突然扩大而引起的大量旋涡能耗，在孔板后开一渐扩形圆角。因此孔板流量计的安装是有方向的。若是反方向安装，不仅能耗增大，同时其流量系数也将改变，实际上这样使用没有意义。

其计算式为（具体推导过程见教材）：

$$q = C_0 \cdot A_0 \cdot \sqrt{\frac{2 \cdot \Delta p}{\rho}}$$

式中　q——流量，$\mathrm{m^3/s}$；

　　　C_0——孔流系数，无因次（本实验需要标定）；

　　　A_0——孔截面面积，$\mathrm{m^2}$；

　　　Δp——压差，pa；

　　　ρ——管内流体密度，$\mathrm{kg/m^3}$。

$$A_0 = \frac{\pi d_0^2}{4} = \frac{\pi \times 0.015\,49^2}{4} = 1.883\,5 \times 10^{-4}\ (\mathrm{m^2})$$

（1）在实验中，只要测出对应的流量 q 和压差 Δp，即可计算出其对应的孔流系数 C_0。

（2）管内 Re 的计算

$$Re = \frac{d \cdot u \cdot \rho}{\mu}$$

5. 文氏流量计

仅仅是为了测定流量而引起过多的能耗显然是不合适的，应尽可能设法降低能耗。能耗是起因于孔板的突然缩小和突然扩大，特别是后者。因此，若设法将测量管段制成如图 16-2 所示的渐缩和渐扩管，避免突然缩小和突然扩大，必然降低能耗。这种管称为文氏管流量计。

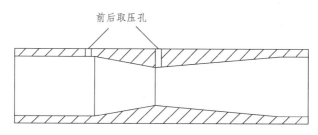

图 16-2　文丘里流量计结构图

文氏流量计的工作原理与公式推导过程完全与孔板流量计相同，但以 C_v 代替 C_0。因为在同一流量下，文氏压差小于孔板，因此 C_v 一定大于 C_0。

在实验中，只要测出对应的流量 q 和压差 Δp，即可计算出其对应的系数 C_0 和 C_v。

6. 离心泵性能曲线测定

离心泵的特性曲线取决于泵的结构、尺寸和转速。对于一定的离心泵，在一定的转速下，泵的扬程 H 与流量 q 之间存在一定的关系。此外，离心泵的轴功率 P 和效率 η 亦随泵的流量 q 而改变。因此 H-q、P-q 和 η-q 三条关系曲线反映了离心泵的特性，称为离心泵的特性曲线。

（1）流量 q 测定：

本实验装置采用涡轮流量计直接测量泵流量 q'，$q = q'/3\ 600 (\text{m}^3/\text{s})$。

（2）扬程的计算：

根据伯努利方程：

$$H\,(\text{m液柱}) = \frac{\Delta p}{\rho \cdot g} \times 10^6 \tag{16-10}$$

式中　H——扬程；

　　　Δp——压差；

　　　ρ——水在操作温度下的密度；

　　　g——重力加速度。

本实验装置采用差压计直接测量 Δp。

（3）泵的总效率：

$$\eta = \frac{泵有效功率（泵输出的净功率）}{电机功率} = \frac{q \cdot H \cdot \rho \cdot g}{P_电 \times 100}\% \qquad （16\text{-}11）$$

（4）电机功率 $P_电$。

电动机的功率用三相功率表直接测定（kW）。

（5）转速校核：应将以上所测参数校正为额定转速 $n' = 2\,900$ r/min 下的数据来绘制特性曲线图。

$$\frac{q'}{q} = \frac{n'}{n}, \quad \frac{H'}{H} = \left(\frac{n'}{n}\right)^2, \quad \frac{P'}{P} = \left(\frac{n'}{n}\right)^3 \qquad （16\text{-}12）$$

式中　n'——额定转速，2 900 r/min；

　　　n——实际转速，r/min。

7. 管路性能曲线

对一定的管路系统，当其中的管路长度、局部管件都确定，且管路上的阀门开度均不发生变化时，其管路有一定的特征性能。根据伯努利方程，最具有代表性和明显的特征是，不同的流量有一定的能耗，对应的就需要一定的外部能量提供。根据对应的流量与需提供的外部能量 H(m)之间的关系，可以描述一定管路的性能。

管路系统相对讲，有高阻管路和低阻管路系统。本实验将阀门全开时称为低阻管路，将阀门关闭一定值，称为相对高阻管路。

测定管路性能与测定泵性能的区别是，测定管路性能时管路系统是不能变化的，管路内的流量调节不是靠管路调节阀，而是靠改变泵的转速来实现的。用变频器调节泵的转速来改变流量，测出对应流量下泵的扬程，即可计算管路性能。

三、实验装置及流程

1. 装置流程图（图 16-3）

2. 设备仪表参数

离心泵：不锈钢材质，0.55 kW，6 m³/h；

循环水池：有机玻璃材质，700 mm×500 mm×380 mm（长×宽×高）；

涡轮流量计：有机玻璃壳体，0.5~10 m³/h；

差压传感器：测量范围 0 ~ 40 kPa，0 ~ 400 kPa。

温度传感器：Pt100，航空接头；

细管测量段尺寸：DN15，内径 $\phi 16$，透明 PVC，测点长 1 000 mm；

粗管测量段尺寸：DN20，内径 $\phi 20$，透明 PVC，测点长 1 000 mm；

阀门测量段尺寸：DN20，内径 $\phi 20$，PVC 球阀。

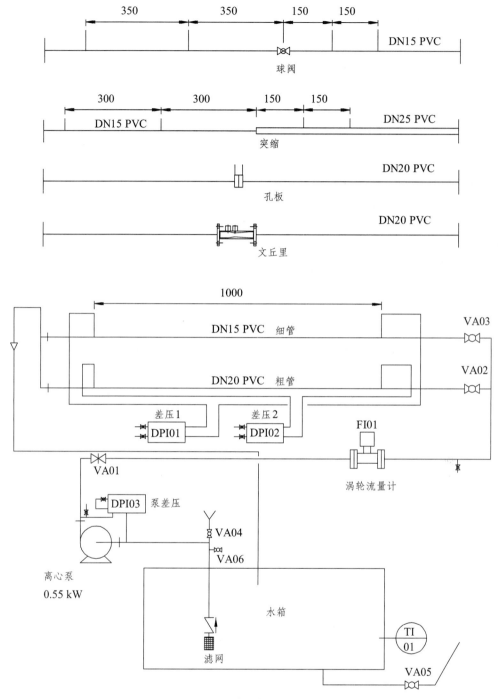

图 16-3 综合流体实验流程图

阀门：VA01—流量调节阀，VA02—支路 1 阀，VA03—支路 2 阀，VA04—灌泵阀，VA05—排净阀，VA06—泵入口排水阀；

温度：TI01—循环水温度；

差压：DPI01—差压 1，DPI02—差压 2，DPI03—泵差压；

流量：FI01—循环水流量。

四、操作步骤

1. 熟　悉

按事先（实验预习时）分工，熟悉流程及各测量仪表的作用。

2. 检　查

检查各阀是否关闭。

3. 模块安装

根据实验内容选择对应的管路模块，通过活连接接入管路系统，使用软管正确接入对应的差压传感器

注意：

（1）无论完成什么实验内容，两个支路上必须保证有模块连接。

（2）如有未连接的测压孔，请使用软管串联到一起，防止液体溢出。

4. 灌　泵

泵的位置高于水面，为防止泵启动发生气缚，应先把泵灌满水；打开泵出口阀 VA01、排气阀，打开灌泵阀 VA04，灌泵，当出口管有水流出时，关闭灌泵阀 VA04、泵出口阀 VA01、排气阀，等待启动离心泵。

5. 开　车

启动离心泵，当泵差压读数明显增加（一般大于 0.15 MPa），说明泵已经正常启动，未发生气缚现象，否则需重新灌泵操作。

6. 测　量

注意：系统内空气是否排尽是保障本实验正确进行的关键操作。

（1）相对粗管阻力测定：

① 相对粗管连接差压传感器 1。

② 排气：先打开 VA02、VA03，再全开 VA01，然后打开差压传感器上的排气阀，约 1 min，观察引压管内无气泡，先关闭差压传感器上的排气阀，再分别关闭 VA01、VA02、VA03。

③ 开启相对粗管支路阀（VA02 或 VA03），逐渐开启调节阀 VA01，根据以下流量计示数进行调节。

说明：为了取得满意的实验结果，必须考虑实验点的布置和传感器精度，推荐采集数据依次控制在 $Q(m^3/h) = 0.8$、1.2、1.8、2.7、4.6、最大。

④ 记录数据，然后再调节 VA01。

⑤ 此管做完后，关闭 VA01 和支路阀（VA02 或 VA03），然后可以做另一管路。

（2）相对细管阻力测定：

① 相对细管连接差压传感器 2。

② 排气：先打开 VA02、VA03，再全开 VA01，然后打开差压传感器上的排气阀，约 1 min，

观察引压管内无气泡，先关闭差压传感器上的排气阀，再分别关闭 VA01、VA02、VA03。

③ 开启相对细管支路阀（VA02 或 VA03），逐渐开启调节阀 VA01，根据以下流量计示数进行调节。

说明：为了取得满意的实验结果，必须考虑实验点的布置和传感器精度，推荐采集数据依次控制在 $Q(\mathrm{m^3/h}) = 0.4$、0.6、0.9、1.3、2.3、最大。

④ 记录数据，然后再调节 VA01。

⑤ 此管做完后，关闭 VA01 和支路阀（VA02 或 VA03），然后可以做另一管路。

（3）阀门局部阻力测定：

① 选择阀门管组装入管路系统，中间测压点接差压传感器 1，两边测压点接差压传感器 2。

② 排气：先打开 VA02、VA03，再全开 VA01，然后打开差压传感器上的排气阀，约 1 min，观察引压管内无气泡，先关闭差压传感器上的排气阀，再分别关闭 VA01、VA02、VA03。

③ 开启阀门管支路阀（VA02 或 VA03），逐渐开启调节阀 VA01，根据以下流量计示数进行调节。

说明：为了取得满意的实验结果，必须考虑实验点的布置和传感器精度，推荐采集数据依次控制在 $Q(\mathrm{m^3/h}) = 0.4$、0.6、0.9、1.3、2.3。

④ 记录数据，然后再调节 VA01。

⑤ 此管做完后，关闭 VA01 和支路阀（VA02 或 VA03），然后可以做另一管路。

（4）突缩局部阻力测定：

① 选择突缩管组装入管路系统，中间测压点接差压传感器 1，两边测压点接差压传感器 2。

② 排气：先打开 VA02、VA03，再全开 VA01，然后打开差压传感器上的排气阀，约 1 min，观察引压管内无气泡，先关闭差压传感器上的排气阀，再分别关闭 VA01、VA02、VA03。

③ 开启突缩管支路阀（VA02 或 VA03），逐渐开启调节阀 VA01，根据以下流量计示数进行调节。

说明：为了取得满意的实验结果，必须考虑实验点的布置和传感器精度，推荐采集数据依次控制在 $Q(\mathrm{m^3/h}) = 0.4$、0.6、0.9、1.3、2.3。

④ 记录数据，然后再调节 VA01。

⑤ 此管做完后，关闭 VA01 和支路阀（VA02 或 VA03），然后可以做另一管路。

（5）流量计标定：

① 选择文丘里流量计、孔板流量计管组装入管路系统，文丘里流量计管连接差压传感器 1，孔板流量计管连接差压传感器 2。

② 排气：先打开 VA02、VA03，再全开 VA01，然后打开差压传感器上的平衡阀，约 1 min，观察引压管内无气泡，先关闭差压传感器上的排水阀，再分别关闭 VA01、VA02、VA03。

③ 开启 VA02 或 VA03，逐渐开启调节阀 VA01，根据以下压差仪表的读数进行调节。

说明：为了取得满意的实验结果，必须考虑实验点的布置和传感器精度，文丘里推荐采集数据依次控制在 $Q(\mathrm{m^3/h}) = 0.8$、1.2、1.8、2.7、4.6；

孔板推荐采集数据依次控制在 $Q(\mathrm{m^3/h}) = 0.4$、0.6、0.9、1.3、2.3、5。

④ 记录数据，然后再调节 VA01。

⑤ 此管做完后，关闭 VA01 和支路阀（VA02 或 VA03），然后可以做另一管路。

（6）离心泵特性曲线测定。

① 选择泵特性管组装入管路系统，另一支路可选择相对粗管连接，其两测压点用软管短接。

② 开启泵特性管支路阀（VA02 或 VA03），逐渐开启调节阀 VA01，根据涡轮流量计的读数进行调节。

③ 每次改变流量，应以涡轮流量计读数 q 变化为准。

$Q(m^3/h) = 0$、1、2、3、4、5、6、最大。

④ 记录数据，然后再调节 VA01。

⑤ 完成后，关闭 VA01、支路阀（VA02 或 VA03）。

（7）管路性能曲线测定：

低阻管路性能曲线测定：

① 选择泵特性管组装入管路系统，另一支路可选择相对粗管连接，其两测压点用软管短接。

② 开启泵特性管支路阀（VA02 或 VA03）， VA01 开到最大；从大到小调节泵转速，根据涡轮流量计的读数进行调节。

每次改变流量，应以涡轮流量计读数 q 变化为准。

$Q（m^3/h）$ =最大、5、4、3、2、1。

③ 记录数据，然后再调节转速。

④ 做完后，将转速固定到最大（默认 3 000 r/min）。

高阻管路性能曲线测定：

① 最大转速下，关小 VA01，将流量调节到约 4 m^3/h（此后，阀门不能调动，做高阻管路性能曲线）；逐渐调节转速，根据涡轮流量计的读数进行调节。

每次改变流量，应以涡轮流量计读数 q 变化为准。$Q（m^3/h）= 4$、3、2、1、0.6。

② 记录数据，然后再调节转速。

③ 做完后，将转速调节到最大。

7. 停 车

实验完毕，关闭所有阀门，停泵，开启排净阀 VA05、泵入口排水阀 VA06，最后关闭电源。

五、注意事项

（1）因为泵是机械密封，必须在泵有水时使用，若泵内无水空转，易造成机械密封件因升温而损坏进而导致密封不严，需专业厂家更换机械密封。因此，严禁泵内无水空转！

（2）在启动泵前，应检查三相动力电是否正常，若缺相，极易烧坏电机；为保证安全，检查接地是否正常；在泵内有水情况下检查泵的转动方向，若反转流量达不到要求，对泵不利。

（3）长期不用时，应将水箱内水排净，并用湿软布擦拭水箱，防止水垢等杂物粘在水箱上面。

（4）严禁打开控制柜，以免发生触电。

（5）在冬季造成室内温度达到冰点时，设备内严禁存水。

（6）操作前，必须将水箱内异物清理干净，需先用抹布擦干净，再往循环水槽内加水，启动泵让水循环流动冲刷管道一段时间，再将循环水槽内水排净，再注入水以准备实验。

六、数据记录及计算

填入表 16-1 至 16-5。

表 16-1　管内流量及 Re 的测定

实验号	$Q/（m^3/h）$	Re
1		
2		
3		
4		
5		

表 16-2　直管摩擦阻力损失 Δp_f 及摩擦阻力系数 λ 的测定

实验号	p_1	p_2	u	λ
1				
2				
3				
4				
5				
6				

表 16-3　局部阻力损失 $\Delta p_f'$ 及其阻力系数 ζ 的测定

实验号	p_1	p_2	p_3	p_4	u	ζ
1						
2						
3						
4						
5						
6						

表 16-4　孔板流量计的流量系数 C_0

实验号	q	Δp	C_0
1			
2			
3			
4			
5			

表 16-5 文丘里流量计的流量系数 C_V

实验号	q	Δp	C_V
1			
2			
3			
4			
5			

七、问题与思考

（1）试用化工相关理论分析孔板流量计和文丘里流量计的设计原理。

（2）试阐述差压传感器、涡轮流量计的原理。

（3）试阐述三种流量计在工业上的运用范围。

实验 17　流线（轨线）演示实验

一、实验目的

（1）了解流体流动过程中流线和轨线的概念。

（2）观察在定态流动时，流体流过不同结构体的流线（轨线）情况，并对边界层分离现象进行初步的分析了解。

二、实验原理

轨线是某一流体质点的运动轨迹，是采用拉格朗日法考察流体的运动。流线则是某一瞬间流体内各流体质点的速度及方向，采用的是欧拉法。只有在定态流动时流线和轨线重合（目前研究考察的一般为定态过程）。在流体内同一点某一时刻只有一个速度，所以各流线不会相交。流体在流动过程中若流动方向和流道面积改变时，必然造成流速的改变，从而导致边界层的脱体而形成大量的旋涡（死区）。本实验让流体流过不同构件时，观察其内的流线情况。

三、实验装置及流程

1. 装置流程图（图 17-1）

实验装置流程如图 17-1 所示，主要部件为由 5 个透明有机玻璃制成的（截面为长方形）的通道，其内安装有不同构件组进行比较，这些构件组合都有一定的可比性，通过比较流体流过不同组合内的构件的情况进行流场比较，从而可解释在实际应用、工业设计中的一些现象和构思。在每个构件前均装有平行栅板整流设施，以保证流入构件时的流体为平行均匀流动。其工作流体为循环水，其主要作用原理是各流道前装有一文丘里喷射吸气器，在水流入各流道前会吸入空气并由于摩擦气体被破碎成细小的小气泡随水一起流入各流道内，从而可通过各通道内小气泡的运动情况来观察流体流过不同构件组合的流线（轨线）情况。

2. 设备仪表参数

（1）离心泵：流量 15 m³/h，扬程 13 m；

（2）水箱：60 L，有机玻璃，480 mm×320 mm×400 mm，厚 10 mm；

（3）水槽：有机玻璃，1 500 mm×100 mm×90 mm，厚 10 mm；

（4）隔膜阀：英标衬胶隔膜阀。

公用设施：

水：装置自带水箱，连接自来水接入。

电：电压 AC 220 V，功率 1.1 kW，标准单相三线制。

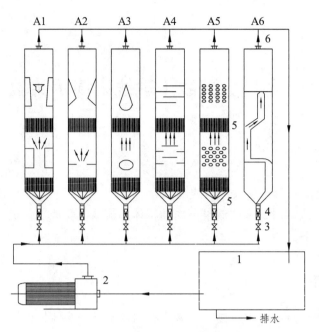

图 17-1 流线（轨线）演示装置流程图

1—循环水箱；2—循环水泵；3—调节阀；4—进气调节口；5—导流条；6—溢流管

A1—突缩、突扩及转子流量计；A2—孔板和文丘里模型；A3—圆形及带尾翼圆形；A4—换热器内的圆缺形和圆环形折流挡板；A5—列管换热器列管的正三角叉排和正方形顺排；A6—管道、30°弯头、直角弯头、45°弯头模型

四、操作步骤

（1）检查：首先检查各调节阀、进气口是否处于关闭状态。

（2）启动水泵，逐个开启各调节阀，调节各进气口，使水量和进气量合适。一般应使水流速度在导流条处均匀分布，气泡分布均匀，气泡大小合适。

水流过小：不能产生负压，形不成进气而产生气泡；

水流过大：在导流条中心流量大，在两侧流量小，不均匀。

进气量过小：形成的气泡很少很小，效果不明显；

进气量过大：形成的气泡很多很大，效果不好。

（3）在合适的流量下，分别进行观察、比较、分析，通过小气泡的流动情况，观察流体流过不同构件的流动情况。

（4）分别调节水流大小、进气量大小，观察其内部的变化情况。

（5）关闭时，先关闭各进气口，再关闭各阀门，再停泵。如果想排净流道内的水，可在停泵状况下，打开各调节阀。

五、注意事项

（1）因为泵是机械密封，必须在泵充满水时使用，若泵内无水空转，易造成机械密封件升温损坏而导致密封不严，需专业厂家更换机械密封。因此，严禁泵内无水空转！

（2）长期不用时，应将槽内水放出，并用湿软布擦拭水箱，防止水垢等杂物粘在上面。在冬季造成室内温度达到冰点时，设备内严禁存水。

（3）因本设备主体是有机玻璃制作，注意防止强烈振动。

六、数据记录及计算

填入表 17-1。

表 17-1　流线（轨线）演示实验数据记录

实验号	进水量 q/（m³/h）	进气量 q/（m³/h）	流动情况
1			
2			
3			
4			
5			

七、问题与思考

（1）什么叫流体流动过程中流线和轨线？

（2）为什么会产生边界层分离现象？有哪些危害？

（3）流线（轨线）演示实验的学习对工业运用有何作用？

实验 18　静力学实验

一、实验目的

（1）了解实验装置的布置特点、设备结构及作用。

（2）根据静力学原理及方程，理解液位计的工作基本原理、不同压力计的工作原理及液封的工作原理。

（3）了解正负压产生是如何形成的；如何利用该装置测定液体的密度。

二、实验原理

流体静力学是研究流体在外力作用下达到平衡的规律，即流体静力学基本方程。流体（液体或气体）在管道设备内，无论静止还是流动过程中，在某一个点或某一个截面，都具有其静压能。在实验室的科学研究以及在工程实际中，流体的静力学基本规律应用很广，如流体在设备管道内压强的变化与测量、液体在贮罐内液位的测量、设备的液封等均以这一规律为依据。

静力学在同一种、连通的、静止的、不可压缩流体中的表现形式一般可写成如下形式：

$$p_1 + \rho g z_1 = p_2 + \rho g z_2 = 常数$$

在不同种类连通的不可压缩流体中，由于密度 ρ 不同，常可根据同一种流体中等压面的概念，利用静力学方程来计算其不同的压力情况。

基于静力学方程的重要性，要对静力学的各种形式进行充分演示，以期加强学生对静力学方程的理解。本实验装置通过 8 个观察测试点对其进行全面阐述。

1. 液位计的工作原理

本实验装置中，最左端的 U 形管下部与增减压管和缓冲密封罐相通，流体为水。U 形管左边的玻璃管上端与大气相通，增减压管上部也与大气想通，因此可以认为左边的玻璃管上下均与增减压管相通；U 形管右边的玻璃管上端与缓冲密封罐上端是相通的。因此左边玻璃管中的液面与增减压管中的液面一致，显示的是增减压管中的液位；而右边的玻璃管中的液面与密封缓冲罐中的一致，显示的是密封缓冲罐中的液位。由于增减压管与缓冲密封罐上部的压力不同，因此 U 形管两个玻璃管中的液面是不一样高的。若打开缓冲密封罐上部的放空阀，则 4 个液面立即会平齐。

在工业实际中，这是最简单、最直观，也是最常用的液位测量方法，利用静力学原理还有很多形式的测量液位方法。

2. 压力压差计

在本实验装置压差的测量中，由于一端连接测量点，另一端连接大气，因此测量的均是表压，也可以理解为测量的是与大气的压力差。

还需要说明的是，本实验采用的 U 形管上的刻度单位均是 Pa，且刻度均是用水-空气系统在常温、常压下标定的，密度系统为常温常压下 $\rho_水 - \rho_{空气}$，若不符合密度系统条件，需要根据静力学方程进行刻度校正。

校正方程为

$$\Delta p_{读数} = \frac{标定情况下密度系统}{实际情况下密度系统} \Delta p_{实际} = \frac{\rho_水 - \rho_空}{\rho_指 - \rho_流} \Delta p_{实际} \qquad (18\text{-}1)$$

该实验系统设置了 6 种 U 形压力计，从密度系统和测量形式都有所不同，但根据静力学原理均可以进行解释和理解。

（1）水-空气 U 形管。

根据式（18-1）知：

$$\Delta p_{读数} = \frac{\rho_水 - \rho_空}{\rho_指 - \rho_流} \Delta p_{实际} = \frac{\rho_水 - \rho_空}{\rho_水 - \rho_空} \Delta p_{实际} = \Delta p_{实际}$$

读数值=实际值，因此，可将此压差计读数值作为实际值来校正其他压差计。

（2）煤油-空气 U 形管。

查得指示液煤油的密度为 790 kg/m³，根据式（18-1）知：

$$\Delta p_{读数} = \frac{\rho_水 - \rho_空}{\rho_{煤油} - \rho_空} \Delta p_{实际} = \frac{1\,000 - 1}{790 - 1} \Delta p_{实际} = 1.264 \Delta p_{实际}$$

读数值 = 1.264 × 实际值。可认为以煤油为指示剂，起到放大读数作用，但放大倍数并不大。当然，在读数精确的情况下，也可以根据读数来校正密度。

可以根据实际读数情况来验证上述关系。

（3）水银-空气 U 形管。

已知指示液水银的密度为 13 600 kg/m³，根据式（18-1）知：

$$\Delta p_{读数} = \frac{\rho_水 - \rho_空}{\rho_{水银} - \rho_空} \Delta p_{实际} = \frac{1\,000 - 1}{13\,600 - 1} \Delta p_{实际} \approx \frac{1}{13.6} \Delta p_{实际}$$

读数值 = 1/13.6 × 实际值。可认为以水银为指示剂，起到缩小读数作用，缩减倍数也大。因此，常采用水银压差计来测量流体为气体时压力较大的情况。

本装置水银液面上灌注有相同高度的水，主要目的是防止汞挥发，对实验结果无任何影响。

可以根据实际读数情况来验证上述关系。

（4）水银-水 U 形管（双液注压差计）。

已知指示液水银的密度为 13 600 kg/m³，根据式（18-1）知：

$$\Delta p_{读数} = \frac{\rho_水 - \rho_空}{\rho_{水银} - \rho_水}\Delta p_{实际} = \frac{1\,000 - 1}{13\,600 - 1\,000}\Delta p_{实际} \approx \frac{1}{12.6}\Delta p_{实际}$$

读数值 = 1/12.6 × 实际值。可认为以此水银压差计与上述水银-空气压差计同样起到缩小读数作用，缩减倍数也较大。但与水银-空气 U 形管压差计不同的是，常采用此水银压差计来测量流体为水时压力较大的情况。

本装置 U 形管上设置有两个较大直径的水杯，主要目的是当 U 形管内有压差而引起水银液面上下移动，而又要使两 U 形管上方的水面保证不发生变化，上边的公式才能应用。因此，从理论讲，两杯截面面积应足够大，根据误差理论计算，一般读数误差不应超过 1% 为好。以 D 表示杯内径，d 表示玻璃管内径，当玻璃管内液面波动 100 个单位时，杯内液面波动不能超过 $100 \times 1/\% = 1$ 个单位。有：

$$\left(\frac{d}{D}\right)^2 \leqslant 1\%$$

$$D \geqslant 10d$$

玻璃管内径为 6 mm，则小杯的直径至少应为 60 mm，本实验小杯直径均为 60 mm。

可以根据实际读数情况来验证上述关系。

（5）苯甲醇-水 U 形管（双液注压差计——微差计）。

已知指示液苯甲醇的密度为 1 045 kg/m³，根据式（18-1）知：

$$\Delta p_{读数} = \frac{\rho_水 - \rho_空}{\rho_{苯甲醇} - \rho_水}\Delta p_{实际} = \frac{1\,000 - 1}{1\,045 - 1\,000}\Delta p_{实际}$$

$$\approx \frac{1\,000}{45}\Delta p_{实际} = 22.22\Delta p_{实际}$$

读数值 = 22.22 × 实际值。可认为以此苯甲醇-水压差计与上述煤油-空气压差计同样起到放大读数作用，不过放大倍数很大。因此可用此来测量很微小的压力，放大读数以减小读数误差，常称此为微差计。

本装置 U 形管上设置有两个较大直径的水杯，作用同上述。

可以根据实际读数情况来验证上述关系。

当然也可以将此系统更换为水-煤油系统，计算式如下：

$$\Delta p_{读数} = \frac{\rho_水 - \rho_空}{\rho_水 - \rho_{煤油}}\Delta p_{实际} = \frac{1\,000 - 1}{1\,000 - 790}\Delta p_{实际}$$

$$\approx \frac{1\,000}{210}\Delta p_{实际} = 4.762\Delta p_{实际}$$

以此来调节放大倍数。

（6）水-空气单管压力计。

采用单管压力计，从原理上讲，指示系统可以为水-空气，也可以为煤油-空气等，其读数大小与对应的 U 形管是相同的。

采用单管压力计，从使用上讲，读数只读一次，读数更方便。

采用单管压力计，可在压力较小时，采用斜管压力测量方法，即斜管压力计，以达到放大读数，减小读数误差之目的。

但正是由于采用小杯缓冲杯，使得其存在一个系统误差，测量值总是小于实际值。这个系统误差由于很小，本实验小于 1%，因此一般可不考虑。当作精密测量时，也可以根据计算将此误差消除。

本实验单管压力计用的是水-空气系统，因此其读数和（1）同。

3. 水 封

本实验装置中，最右端的圆形桶下部密封，上部与大气相通，内装水约 650 mm 高。玻璃管插在水内且上端与测压管相连。当测压管内气压增加时，玻璃管内的水面会下降，此时水将气封住，若管内有水则可排出，而气体则排不出来，这就是水封的工作原理。当压力高于玻璃管底端到水面高度的静水压时，气泡则从底部排出，水封将失去作用。工业上根据水封的工作原理巧妙地将水封广泛应用于工艺生产的多个环节。如工业上用得最多的排液水封（如吸收实验装置中，吸收塔底部的排液水封）、防倒流水封、洗涤水封、防爆水封（也称安全水封，本实验水封就相当于安全水封，当压力高于一定值时，会自动泄压）。

三、实验装置及流程

实验装置由循环水槽、循环泵、增减压调节管、缓冲密封罐、密封管路、U 形液位计、U 形压差计、双液柱压差计、单管压力计及水封等组成（图 18-1）。

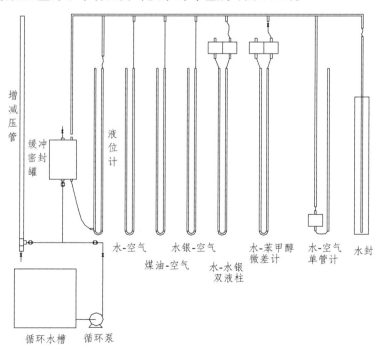

图 18-1　工艺流程图

泵出口装有调节阀，增减压调节管下装有放水阀，密封缓冲罐上装有放空阀，苯甲醇–水微差计上装有连通阀门，水封下面装有排水放净阀。

四、操作步骤

1. 准备工作

学生做实验前，教师应该提前做好以下工作：

（1）各U形管内充指示液。

水-空气：用注射器灌红墨水约到刻度中间位置即可。

煤油-空气：用注射器灌煤油约到刻度中间位置即可。

水银-空气：先用注射器灌水银约到刻度中间位置，再两端灌等高度一段水柱即可。

水银-水：先用注射器灌水银约到刻度中间位置，再两端灌等高度红墨水到上面小杯约中间，使两小杯内水面平齐即可。

苯甲醇-水：先用注射器徐徐将苯甲醇注入约到刻度中间位置，再两端徐徐加入红墨水，灌等高度红墨水到上面小杯约中间，使两小杯内水面平齐，静置一段时间后看玻璃管内苯甲醇两液面是否平齐，若不平齐，需要在上边的小杯内（在苯甲醇液面高的一侧处）缓缓滴水，直到U形管内苯甲醇液面平齐即可。注意，该过程需要一定时间。

水-空气单管压力计：用注射器灌红墨水到左边的小杯内约3/4位置，在右端的玻璃管内记下液面的初始刻度，即0刻度。

水封内注水到离上面约20 mm处。

（2）先将水槽清洗干净，注入足够水（约水箱的3/4），加入约500 mL红墨水；启动泵，打开增减压管下阀门，打开泵出口调节阀，让水循环流动，使红墨水混合均匀。关闭泵出口阀，关闭增减压管下阀门，打开缓冲密封罐上部放空阀，再徐徐打开泵出口阀，让水徐徐注入缓冲密封罐和增减压管，水面到缓冲密封管的1/2处关闭泵出口阀。

（3）检查各引压管是否连接好；液位计与单管压力计的连通管内是否有气泡，若有气泡需要排除。

注意：必须关闭苯甲醇-水上面的阀门，防止压力过大苯甲醇冲出。

2. 正常正压力现象观察——操作演示

（1）关闭缓冲密封罐上放空阀，徐徐打开水泵出口调节阀。观察煤油–空气U形管内液面差约为7 000 Pa时，关闭泵出口阀。使增减压管内液面高度保持不变。

（2）观察两液位计内的液面是否与增减压管、缓冲密封罐内的液面平齐。

（3）观察水封玻璃管内液面的下降情况。

（4）记录水-空气U形管内液面差（既实际压差）$\Delta p_{实际}$(Pa)。再分别记录其他压差计中的压差数据，以备后边计算验证。

3. 正微小压力现象观察——操作演示

（1）打开缓冲密封罐上放空阀，使增减压管内水面与密封缓冲管内水面平齐。然后关闭缓冲密封罐上放空阀，打开苯甲醇-水微差计上旋塞阀。徐徐打开水泵出口调节阀。当苯甲醇-水 U 形管内液面差约为 8 000 Pa 时，关闭泵出口阀。使增减压管内液面高度保持不变。

（2）观察两液位计内的液面是否与增减压管、缓冲密封罐内的液面平齐。

（3）观察水封玻璃管内液面的下降情况。

（4）记录水-空气 U 形管内液面差（既实际压差）$\Delta p_{实际}$ (Pa)。再记录苯甲醇-水压差计中的压差数据，备后边计算验证。

4. 负压力（真空度）现象观察——操作演示

（1）打开缓冲密封罐上放空阀，使增减压管内水面与密封缓冲管内水面平齐。然后关闭缓冲密封罐上放空阀，关闭苯甲醇-水微差计上旋塞阀。徐徐打开增减压管下的放水阀，使增减压管内的液面低于缓冲密封罐内的液面，使系统形成负压。观察水-空气 U 形管内液面差约为 1 000 Pa 时，关闭增减压管下的放水阀。使增减压管内液面高度保持不变。

（2）观察水封玻璃管内液面的上升情况。

5. 实验完毕停车

关闭泵，打开缓冲密封罐上放空阀，打开增减压管下放水阀，将增减压管与缓冲密封罐内水放出。

6. 数据计算验证

根据第（2）（3）步记录的数据，进行数据验证。

操作时的补充说明：

（1）准备工作：教师在指导实验前，要耐心地做好准备。特别是苯甲醇-水微差计内灌水一定要耐心完成，因为苯甲醇的密度与水密度相差很小，当苯甲醇中有水时或水中有苯甲醇油滴时，应静止一段时间。

（2）操作时，无论操作正常压力、微压力、负压时，一定要徐徐开启阀门，且眼睛要观察相应压差计的变化，到合适位置时应及时关闭阀门。

（3）在实验操作时，若不太熟悉的情况下，一定按说明书的操作步骤进行，当对其完全理解后再随意进行操作。

（4）读取数据时，液面差一定要精确读到 10 Pa 之内，在必要时可借助直尺和放大镜。

五、注意事项

（1）使用勿碰撞设备，以免玻璃损坏。
（2）在冬季造成室内温度达到冰点时，应从放水口将玻璃管内水放尽。水箱内严禁存水。

六、数据记录及计算

填入表 18-1。

表 18-1 液体密度的测定

实验号	压差计	实际读数	理论读数	相对误差 $(p'-p)/p$	根据实际读数计算出 $\rho_{指}$
1	水-空气	$p_0=$	—	—	—
2	煤油-空气	$p_1=$	$p_1'=1.264p_0=$		
3	水银-空气	$p_2=$	$p_2'=p_0/13.6=$		
4	水银-水	$p_3=$	$p_3'=p_0/12.6=$		
5	苯甲醇-水	$p_4=$	$p_4'=22.22p_0=$		
6	水-空气单管	$P_5=$	$p_5'=P_0$		

最后一栏的根据实际读数计算出指示液的实际密度，是指在已知实际压力和读数压力的情况下，反算出指示液的密度，比如反算煤油的密度：

$$\Delta p_{读数}=\frac{\rho_水-\rho_空}{\rho_{煤油}-\rho_空}\Delta p_{实际}=\frac{1\,000-1}{\rho_{煤油}-1}\Delta p_{实际}\approx\frac{1\,000}{\rho_{煤油}}\Delta p_{实际}$$

$$\rho_{煤油}=\frac{\Delta p_{实际}}{\Delta p_{读数}}\times1\,000=\frac{p_0}{p_1}\times1\,000$$

七、问题与思考

（1）试阐述实验装置的布置特点、各设备结构及作用。

（2）根据静力学原理及方程，阐述液位计的工作基本原理、不同压力计的工作原理及液封的工作原理。

（3）试举例液位计和液封在工业生产中的运用。

实验 19　列管传热器实验

一、实验目的

（1）了解本实验流程、列管换热器结构、空气质量流量计结构及其电阻测温原理。
（2）掌握列管换热器总传热系数 K 的测定方法。
（3）了解风量大小、逆并流对热负荷、平均温差及 K 的影响。

二、实验原理

在工业生产中换热器是一种经常使用的换热设备。它是由许多个传热元件（如列管换热器的管束）组成。冷、热流体借助于换热器中的传热元件进行热量交换而达到加热或冷却任务。由于传热元件的结构形式繁多，由此构成的各种换热器之性能差异颇大。为了合理地选用或设计换热器，应该充分地了解它们的性能。除了文献资料外，实验测定换热器的性能是重要途径之一。

由传热速率方程式可知，影响传热量的参数有传热面积、传热系数（其倒数表征传热阻力的大小）和过程的平均温度差，即传热推动力三个要素。操作中，因换热面积一定，主要是后两个要素在起作用。若传热阻力主要在热流体一侧，则采用提高热流体流率的方法，可以使传热系数和传热推动力同时发生变化，以达到强化传热的目的。

同一换热器，换热面积不变，热流体与冷流体流量不变时，逆流时对数平均温差变化比并流时大，同时会影响到传热系数的变化，但变化较小。

本装置在冷、热风管路上装有两个空气质量流量计。气体质量流量计采用热质量气体流量传感芯片，属于质量流量传感方式的流量计，它是通过气体流动产生的热场变化来测量气体流量的。由于不同质量的气体对热场的变化具有不同的影响，因而，它所测量的流量为质量流量，空气质量流量计具有自动温压补偿功能。

1. 空气质量流量 G(kg/s)的计算

首先可查出空气密度：
标准条件下：$p_0 = 101\ 325\ \text{Pa}$　$T_0 = 20\ ℃$下，空气密度 $\rho_0 = 1.205\ \text{kg/m}^3$。
则实际风量通过空气质量流量计读出 V_0(L/min)，换算成 V(m³/s)，方便下步空气质量计算。
则管内空气的质量流量为

$$G(\text{kg/s}) = V\rho_0$$

根据两个管路流量计测定数值，可分别计算出冷、热风量为 G_A、G_B。

2. 热负荷 q 的确定与热损失 $q_{损}$ 的计算

根据热量恒算式：

$$q(\text{kW}) = GC_p\Delta t$$

式中　G——空气的质量流量，kg/s；

C_p——定性温度下的空气恒压比热，kJ/(kg·℃)；

Δt——通过换热器流体温度的变化，℃。

本实验管内热流体：$q_B = G_B C_p(T_1 - T_2)$

C_p 由管内定性温度 $t_定 = (T_1 + T_2)/2$ 查取。

本实验管外冷流体：$q_A = G_A C_p(t_4 - t_3)$

C_p 由管内定性温度 $t_定 = (t_3 + t_4)/2$ 查取。

选取 q_A、q_B 大者作为热负荷，则热损失

$$q_损 = |q_A - q_B|$$

3. 总传热系数的 K 的测定（以管外表面积为准）

根据总传热速率方程可计算出总传热系数 K。

$$q = KA\Delta t_m$$

式中　A——管外表面积，$A = d_0\pi Ln = 0.01 \times 3.14 \times 0.45 \times 45 = 0.636\,(\text{m}^2)$

Δt_m——换热器两端平均温度差：

$$\Delta t_m = \frac{\Delta t_{1左} - \Delta t_{2右}}{\ln(\Delta t_{1左} / \Delta t_{2右})}$$

$$\Delta t_{1左} = T_1 - T_2,\quad \Delta t_{2右} = t_4 - t_3$$

无论风量如何变化、逆并流操作，均可由上述公式计算出该换热器的总传热系数 K，从而分析讨论其对 K 的影响。

三、实验装置及流程

1. 装置流程图（图 19-1）

2. 设备仪表参数

（1）列管换热器：列管：不锈钢 ϕ10 mm×2 mm，长 450 mm，根数 45 根，换热面积 0.636 m²；折流挡板：圆缺弓形，两块。

（2）预热器：不锈钢，三组电加热，3×1 kW，自动控温。

（3）旋涡气泵：风压 14 kPa，风量 72 m³/h，750 W。

（4）空气质量流量计：0~300 L/min。

（5）电阻传感器：Pt100。

（6）温度显示仪：数显，显示精度 0.1 ℃。

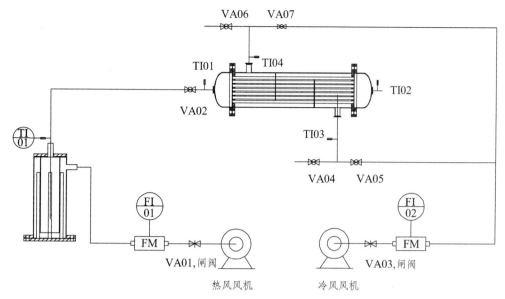

图 19-1　列管传热实验（数字型）装置流程图

四、操作步骤

1. 准备预热阶段

（1）检查两个风机放空阀是否处于全开状态。

（2）先启动热风机，调节 VA05 使空气质量流量计到实验值。

（3）在仪表上调节设定预热器出口风温（一般不应大于 100 ℃，可设置为 90~95 ℃），打开电加热开关，当温度达到设定值后，自动控温。

2. 实验操作

（1）并流状况。

① 冷风管路阀门调节到并流操作（先开 VA01、VA04，再关 VA02、VA03）；

② 热风进口温度 90 ℃，热风量 180 L/min，冷风量 180 L/min；

③ 当 T_1 稳定约在 90 ℃，T_2、t_3、t_4 基本不变时，数据可认为稳定，读取所有数据，可计算一个 K_0'。

（2）逆流状况 1。

① 冷风管路阀门调节到逆流操作（先开 VA02、VA03，再关 VA01、VA04）；

② 热风进口温度 90 ℃，热风量 180 L/min，冷风量 180 L/min；

③ 当 T_1 稳定约在 90 ℃，T_2、t_3、t_4 基本不变时，数据可认为稳定，读取所有数据，可计算一个 K_0。

（3）逆流状况 2。

① 热风进口温度 90 ℃，热风量 240 L/min，冷风量 180 L/min；

② 当 T_1 稳定约在 90 ℃，T_2、t_3、t_4 基本不变时，数据可认为稳定，读取所有数据，可计算一个 K_1。

3. 停车复原

（1）实验结束时，先关闭电加热开关；

（2）当预热器出口温度 T_0 小于 50 ℃，开大放空阀 VA05、VA06，再关闭风机电源。

五、注意事项

（1）风机启动前，必须保证出口风管上的放空阀打开，以防风机憋压，特别是冷风系统。

（2）必须注意预热器的操作，加热器内无风量通过，严禁开启电加热。

（3）本试验需在空气中颗粒物浓度较低的实验室中进行，以防止 TSP（空气中悬浮颗粒物）堵塞空气质量流量计滤网，因此空气质量流量计滤网需定期清理、更换。

六、数据记录及计算

填入表 19-1、表 19-2。

表 19-1　列管换热器有关数据

内径/mm	外径/mm	长度/mm	根数	管外面积/m²	管内面积/m²
7	10	450	45	0.6362	0.4453

表 19-2　列管传热器实验

状态	空气质量流量计测量计算数据								列管换热温度			
	热风				冷风				A-A 左侧		B-B 右侧	
	ρ_0 (kg/m³)	T_1 /℃	V /(L/min)	G /(kg/s)	ρ_0 /(kg/m³)	t_4 /℃	V /(L/min)	G /(kg/s)	T_1 /℃	T_2 /℃	t_4 /℃	t_3 /℃
（并流）标准状态												
（逆流）标准状态												
只改变热风风量												

七、问题与思考

（1）试阐述列管换热器和空气质量流量计的结构及其电阻测温原理。

（2）风量大小、逆并流对热负荷、平均温差及 K 的影响如何？

（3）列管换热器应用于哪些常见的工业生产中？

实验 20　循环风洞干燥实验

一、实验目的

（1）了解常压干燥设备的构造、基本流程和操作。
（2）测定物料干燥速率曲线及传质系数。
（3）研究气流速度对干燥速率曲线的影响（选做）。
（4）研究气流温度对干燥速率曲线的影响（选做）。

二、实验原理

1. 干燥曲线

干燥曲线即物料的干基含水量 x 与干燥时间 θ 的关系曲线。它说明物料在干燥过程中，干基含水量随干燥时间的变化关系：

$$x = F(\theta) \tag{20-1}$$

典型的干燥曲线如图 20-1 所示。

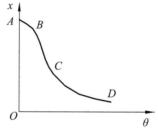

图 20-1　干燥曲线

实验过程中，在恒定的干燥条件下，测定物料总质量随时间的变化，直到物料的质量恒定为止。此时物料与空气间达到平衡状态，物料中所含水分即为该空气条件下的平衡水分。然后将物料的绝干质量，则物料的瞬间干基含水量为

$$x(\text{kg水 / kg绝干物料}) = \frac{W - W_\text{c}}{W_\text{c}} \tag{20-2}$$

式中　　W——物料的瞬间质量，kg；

W_c——物料的绝干质量，kg。

将 x 对 θ 进行标绘，就得到如图 20-1 所示的干燥曲线。

干燥曲线的形状由物料性质和干燥条件决定。

2. 干燥速率曲线

干燥速率是指在单位时间内，单位干燥面积上汽化的水分质量。典型的干燥速率曲线如图 20-2 所示。

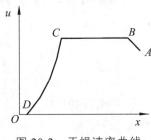

图 20-2　干燥速率曲线

$$N_a[\text{kg/(m}^2 \cdot \text{s})] = \frac{\mathrm{d}w}{A\mathrm{d}\theta} \tag{20-3}$$

式中　A——干燥面积，m^2；
　　　w——从被干燥物料中除去的水分质量，kg。

干燥面积和绝干物料的质量均可测得，为了方便起见，可近似用下式计算干燥速率：

$$N_a[\text{kg/(m}^2 \cdot \text{s}) \text{ 或 g/(m}^2 \cdot \text{s})] = \frac{\mathrm{d}w}{A\mathrm{d}\theta} = \frac{\Delta w}{A\Delta\theta} \tag{20-4}$$

本实验是通过测出每挥发一定量的水分（Δw）所需要的时间（$\Delta\theta$）来实现测定干燥速率的。

影响干燥速率的因素很多，它与物料性质和干燥介质（空气）的情况有关。在干燥条件下不变的情况下，对同类物料，当厚度和形状一定时，速率 N_a 是物料干基含水量的函数。

$$N_a = f(x) \tag{20-5}$$

3. 传质系数（恒速干燥阶段）

干燥时在恒速干燥阶段，物料表面与空气之间的传热速率和传质速率可分别以下面两式表示：

$$\mathrm{d}Q/A\mathrm{d}\theta = \alpha(t - t_w) \tag{20-6}$$

$$\mathrm{d}w/A\mathrm{d}\theta = K_H(H_w - H) \tag{20-7}$$

式中　Q——由空气传给物料的热量，kJ；
　　　α——对流传热系数，$\text{kW/(m}^2 \cdot \text{℃)}$；
　　　t、t_w——空气的干、湿球温度，℃；
　　　K_H——以湿度差为推动力的传质系数，$\text{kg/(m}^2 \cdot \text{s})$；
　　　H_w、H——与 t、t_w 相对应的空气的湿度，kg/kg 干空气。

当物料一定，干燥条件恒定时，α，K_H 的值也保持恒定。在恒速干燥阶段物料表面保持足够润湿，干燥速率由表面水分汽化速率所控制。若忽略以辐射及传导方式传递给物料的热量，则物料表面水分汽化所需要的潜热全部由空气以对流的方式供给，此时物料表面温度即空气的湿球温度 t_w，水分汽化所需热量等于空气传入的热量，即

$$r_w \cdot d_w = d_Q \tag{20-8}$$

式中　r_w——t_w 时水的汽化潜热，kJ/kg。

因此有：

$$\frac{r_w \cdot d_w}{A \cdot d_\theta} = \frac{dQ}{A \cdot d_\theta}$$

即

$$r_w K_H (H_w - H) = \alpha (t - t_w) \tag{20-9}$$

$$K_H = \frac{\alpha}{r_w} \cdot \frac{t - t_w}{H_w - H} \tag{20-10}$$

对于水-空气干燥传质系统，当被测气流的温度不太高，流速 > 5 m/s 时，式（20-10）又可简化为

$$K_H = \frac{\alpha}{1.09} \tag{20-11}$$

K_H 的计算：

（1）查 H、H_w：

由干湿球温度 t、t_w，根据湿焓图或计算出相应的 H，H_w。

（2）计算流量计处的空气性质：

因为从流量计到干燥室虽然空气的温度、相对湿度发生变化，但其湿度未变。因此，可以利用干燥室处的 H 来计算流量计处的物性。已知测得孔板流量计前气温是 t_L，则

流量计处湿空气的比体积：

$$v_H (\text{kg水} / \text{m}^3\text{干气}) = (2.83 \times 10^{-3} + 4.56 \times 10^{-3} H)(t + 273)$$

流量计处湿空气的密度：

$$\rho (\text{kg} / \text{m}^3\text{湿气}) = (1 + H) / v_H$$

（3）计算流量计处的质量流量 $m(\text{kg/s})$：

测得孔板流量计的压差计读数为 $\Delta p (\text{Pa})$：

流量计的孔流速度：

$$u_0 \ (\text{m/s}) = C_0 \cdot \sqrt{\frac{2 \cdot \Delta p}{\rho}}$$

流量计处的质量流量：

$$m(\text{kg/s}) = u_0 \times A_0 \times \rho$$

式中　A_0——孔板孔面积。

（4）干燥室的质量流速 $G[\text{kg/(m}^2 \cdot \text{s)}]$：

虽然从流量计到干燥室空气的温度、相对湿度、压力、流速等均发生变化，但两个截面的湿度 H 和质量流量 m 却一样。因此，可以利用流量计处的 m 来计算干燥室处的质量流速 G：

$$G[\text{kg}/(\text{m}^2 \cdot \text{s})] = m/A$$

式中　A——干燥室的横截面积。

（5）传热系数 α 的计算：

干燥介质（空气）流过物料表面可以是平行的，也可以是垂直的，也可以是倾斜的。实践证明，只有空气平行物料表面流动时，其对流传热系数最大，干燥最快最经济。因此将干燥物料做成薄板状，其平行气流的干燥面最大，而在计算传热系数时，因为两个垂直面面积较小、传热系数也远远小于平行流动的传热系数，所以其两个横向面积的影响可忽略。

采用 α 经验式：对水-空气系统，当空气流动方向与物料表面平行，其质量流速 $G = 0.68 \sim 8.14\ \text{kg}/(\text{m}^2 \cdot \text{s})$；$t = 45 \sim 150\ ℃$。

$$\alpha\ [\text{kW}/(\text{m}^2 \cdot ℃)] = 0.0143G^{0.8} \tag{20-12}$$

（6）计算 K_H：

由式（20-12）计算出 α，代入式（20-11）即可计算出传质系数 K_H。

三、实验装置及流程

1. 装置流程（图 20-3）

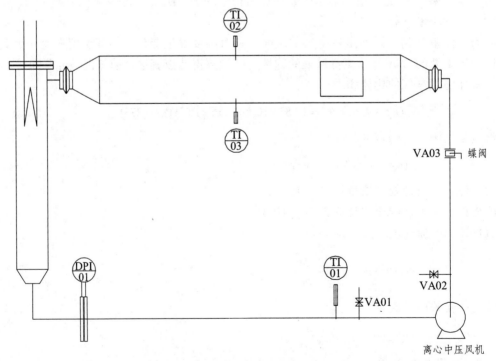

图 20-3　循环风洞干燥实验流程

本装置由离心式风机送风，先经过一圆管经孔板流量计测风量，经电加热室加热后，进入方形风道，流入干燥室，再经方变圆管流入蝶阀可手动调节流量（本实验装置可由调节风机的频率来调节风量，实验时蝶阀处于全开状态），流入风机进口，形成循环风洞干燥。

为防止循环风的湿度增加，保证恒定的干燥条件，在风机进出口分别装有两个阀门，风机出口不断排放出废气，风气进口不断流入新鲜气，以保证循环风湿度不变。

为保证进入干燥室的风温恒定，保证恒定的干燥条件，电加热的二组电热丝采用自动控温，具体温度可人为设定。

本实验有三个计算温度，一是进干燥室的干球温度（为设定的仪表读数），二是进干燥室的湿球温度，三是流入流量计处用于计算风量的温度，其位置如图 20-3 所示。

本装置管道系统均由不锈钢板加工，电加热和风道采用保温。

2. 设备仪表参数

中压风机：全风压 2 kPa，风量 16 m³/min，750 W；

圆管内径：60 mm；

方管尺寸：140 mm×170 mm（宽×高）；

孔板流量计：全不锈钢，环隙取压，孔径 46.48 mm，$m=0.6$　$C_0=0.74$；

电加热：二组 2×1.5 kW，自动控温；

压差传感器：0～5 000 Pa；

热电阻传感器：Pt100；

称重传感器：0～1 000 g。

四、实验步骤

（1）将待干燥试样浸水，使试样含有适量水分 70 g 左右（不能滴水），以备干燥实验用。

（2）检查风机进出口放空阀应处于开启状态；往湿球温度计小杯中加水。

（3）检查电源连接，开启仪控柜总电源。启动风机开关，并调节阀门，使仪表达到预定的风速值，一般风速调节到 600～900 Pa。

（4）风速调好后，通过温控器仪表手动调节干燥介质的控制温度（一般在 80~95℃）。开启加热开关，温控器开始自动控制电热丝的电流进行自动控温，逐渐达到设定温度。

（5）放置物料前调节称重显示仪表显示回零。

（6）状态稳定后（干、湿球温度不再变化），将试样放入干燥室架子上，等约 2 min，开始读取物料质量（最好从整克数据开始记录），记录下试样质量每减少 3 g 时所需的时间，直至时间间隔超过 6 min 左右时停止记录。

（7）取出被干燥的试样，先关闭加热开关。当干球温度降到 60 ℃以下时，关闭风机的开关，关闭仪表上电开关。

说明：

（1）干球温度一般控制在 80～95 ℃。

（2）放物料时，手要用水淋湿以免烫手；放好物料时检查物料是否与风向平行。

五、注意事项

（1）在总电源接通前，应检查相电是否正常，严禁缺相操作。

（2）不要将湿球温度计内的湿棉纱弄脱落，调试好湿球温度后，最好不要让学生乱动。

（3）所有仪表按键最好由老师提前设定或调节好，学生不要乱动。

（4）开加热电压前必须开启风机，并且必须调节变频器有一定风量，关闭风机前必须先关闭电加热，且在温度降低到 60 ℃以下时再停风机。本装置在设计时，加热开关在风机通电开关下游，只有开启风机开关才能开电加热，若关闭风机，则电加热也会关闭。虽然有这样的保护设计，但是还是希望在操作时按照说明书进行。

六、数据记录及计算

本实验在厂内经过调试数据，现以第 1 组数据为计算示例：

1. 干燥速率曲线

干基湿含量：

$$x = \frac{W - W_c}{W_c} = \frac{69 - 21}{21} = 2.286 \ (g / g)$$

干燥速率：

$$N_a = \frac{\Delta w}{A \Delta \theta} = \frac{3}{0.025 \times 167.5} = 0.7164 \ [g/(m^2 \cdot s)]$$

式中　A—物料表面积，$A = 2(0.13 \times 0.08 + 0.08 \times 0.01 + 0.13 \times 0.01) = 0.025$（$m^2$）。

2. K_H 的计算

（1）计算 H、H_w：

查得湿球温度 t_w 下：饱和蒸汽压 $p_s = 7\,113$ Pa，汽化潜热 $r_w = 2\,402$ kJ/kg，

$$H_w = 0.622 \frac{p_s}{101\,325 - p_s} = 0.622 \frac{7\,113}{101\,325 - 7\,113}$$
$$= 0.046\,96$$

$$H = H_w - (t - t_w) \frac{1.09}{r_w} = 0.046\,96 - (98.8 - 39.4) \frac{1.09}{2\,402}$$
$$= 0.02$$

（2）计算流量计处的空气性质：

流量计处湿空气的比体积：

$$v_H = (2.83 \times 10^{-3} + 4.56 \times 10^{-3} H)(t + 273)$$
$$= (2.83 \times 10^{-3} + 4.56 \times 10^{-3} \times 0.02) \times (83.4 + 273)$$
$$= 1.041 \ (m^3 / kg 干气)$$

流量计处湿空气的密度：

$$\rho = (1+H)/v_H = (1+0.02)/1.041 = 0.980（kg/m^3 湿气）$$

（3）计算流量计处的质量流量 m(kg/s)：

流量计的孔流速度：

$$q = C_0 \cdot A_0 \cdot \sqrt{\frac{2 \cdot \Delta p}{\rho}} = 0.74 \times 0.001\,696\sqrt{\frac{2 \times 1\,000}{0.980}} = 0.0567\,(m^3/s)$$

式中
$$A_0 = \frac{\pi d_0^2}{4} = \frac{3.14 \times 0.046\,48^2}{4} = 0.001\,696\,(m^2)$$

$$C_0 = 0.74$$

流量计处的质量流量：

$$m = q \times \rho = 0.056\,7 \times 0.98 = 0.055\,57(kg/s)$$

（4）干燥室的质量流速 $G[kg/(m^2 \cdot s)]$：

干燥室的质量流速为

$$G = m/A = 0.055\,57/0.03 = 3.087\,[kg/(m^2 \cdot s)]$$

$$A = 0.15 \times 0.12 = 0.018\,(m^2)$$

干燥室的流速为

$$u = q/A = 0.056\,7/0.018 = 3.15[kg/(m^2 \cdot s)]$$

（5）传热系数 α 的计算：

$$\alpha = 0.014\,3G^{0.8} = 0.014\,3 \times 3.087^{0.8} = 0.035\,23\,[kW/(m^2 \cdot ℃)]$$

（6）计算 K_H：

$$K_H = \frac{\alpha}{1.09} = \frac{0.035\,23}{1.09} = 0.032\,33\,[kg/(m^2 \cdot s)]$$

3. 实测恒速干燥阶段的传质系数

从干燥速率曲线图中可得恒速阶段的平均干燥速率：

$$N_a = 0.72\ g/(m^2 \cdot s)$$

实测传质系数：

$$K_H = \frac{N_a}{H_w - H} = \frac{0.72/1\,000}{0.046\,96 - 0.02} = 0.026\,71\,[kg/(m^2 \cdot s)]$$

实验数据填入表 20-1 至表 20-3。

表 20-1 设备物料有关恒定数据

物料尺寸/cm			绝干重/g	干燥室尺寸/cm		孔板尺寸/mm	
长	宽	厚		高	宽	孔径	管径
130	80	10	21	150	120	46.48	60

表 20-2　测量过程有关恒定数据

	干球温度 t	湿球温度 t_w	流量计处温度 t_L	压差计读数 Δp
开始时				
结束时				
平均				

表 20-3　测量过程有关数据

No	w	Δw	$\Delta \theta$	θ	x	N_a	No	w	Δw	$\Delta \theta$	θ	x	N_a
0							12						
1							13						
2							14						
3							15						
4							16						
5							17						
6							18						
7							19						
8							20						
9							21						
10							22						
11							23						

七、问题与思考

（1）试阐述常压干燥设备的构造、基本流程和操作。

（2）物料的对流干燥过程中，热空气与湿物料之间是怎样传热与传质的？传热与传质的推动力是什么？

（3）试举例循环风洞干燥在工业方面的运用。

参考文献

[1] 北京大学，南京大学，南开大学. 化工基础实验[M]. 北京：北京大学出版社，2004.

[2] 郭庆丰，彭勇. 化工基础实验[M]. 北京：清华大学出版社，2004.

[3] 冯亚云，冯朝伍，张金利. 化工基础实验[M]. 2 版. 北京：化学工业出版社，2006.

[4] 张兴晶，王继库. 化工基础实验[M]. 北京：北京大学出版社，2013.

[5] 朱兆友，朱庆书. 化工技术基础实验[M]. 北京：化学工业出版社，2009.

[6] 王志魁，向阳，王宇. 化工原理[M]. 5 版. 北京：化学工业出版社，2017.